**工业和信息化
人才培养规划教材**

Industry And Information
Technology Training
Planning Materials

高职高专计算机系列

ASP.NET MVC
程序开发

the Develop by ASP.NET MVC

董宁 ◎ 主编
谢日星 肖奎 余恒芳 ◎ 副主编
王路群 ◎ 主审

人民邮电出版社

北京

图书在版编目（CIP）数据

ASP.NET MVC 程序开发 / 董宁主编. -- 北京：人民邮电出版社，2014.6
工业和信息化人才培养规划教材
ISBN 978-7-115-34962-0

Ⅰ. ①A… Ⅱ. ①董… Ⅲ. ①网页制作工具-程序设计-教材 Ⅳ. ①TP393.092

中国版本图书馆CIP数据核字(2014)第048967号

内 容 提 要

本书根据高职高专教学特点，以及近年来进行的教育教学改革实践与研究工作经验，联合软件研发公司项目团队，把实际项目转化为教学案例，围绕着 ASP.NET MVC 的关键技术展开以实际应用为主线的讲解，主要包括 ASP.NET MVC 概述、初识 ASP.NET MVC 项目开发、数据模型、深入剖析控制器技术、深入剖析视图技术、数据验证、应用 AJAX、网址路由、单元测试、ASP.NET MVC 高级技术等内容。

本书可作为高职院校软件技术专业及专业群的必修教材，也适合各领域想在 ASP.NET MVC 程序开发方面进修提高的人员自学使用。

◆ 主　编　董　宁
　副主编　谢日星　肖　奎　余恒芳
　主　审　王路群
　责任编辑　王　威
　责任印制　焦志炜

◆ 人民邮电出版社出版发行　北京市丰台区成寿寺路 11 号
邮编　100164　电子邮件　315@ptpress.com.cn
网址　http://www.ptpress.com.cn
北京捷迅佳彩印刷有限公司印刷

◆ 开本：787×1092　1/16
印张：16.25　　　　　　2014 年 6 月第 1 版
字数：416 千字　　　2025 年 1 月北京第 13 次印刷

定价：45.00 元（附光盘）

读者服务热线：(010)81055256　印装质量热线：(010)81055316
反盗版热线：(010)81055315

前 言

ASP.NET MVC 是微软公司在原有的 ASP.NET 框架基础上提出的一个新的 MVC 框架。利用 ASP.NET MVC，.NET 开发人员可以用 MVC 模式来构建 Web 应用，做到清晰的概念分离（UI 或视图与业务应用逻辑分离，应用逻辑和后端数据分离），同时还可以使用测试驱动开发，这些是 ASP.NET Web Forms 完全无法比拟的。ASP.NET MVC 已经成为.NET 开发人员必须掌握的关键技术之一。

本书不仅包含了 ASP.NET MVC 的各种概念和理论知识，而且通过项目案例对 ASP.NET MVC 的综合运用进行了详细的讲解。知识点系统连贯，逻辑性强；重难点突出，利于自学或组织教学；在内容安排上注意承上启下，由简到繁，循序渐进地讲述 ASP.NET MVC 的每一部分。

本书是作者在多年的教学实践和科学研究的基础上，参阅了大量国内外相关教材后，几经修改而成。主要特点如下。

（1）实例丰富，内容充实。在本书中，使用了大量实例来介绍 ASP.NET MVC，几乎涉及该框架的每一个领域。

（2）讲解通俗，步骤详细。本书中的每个示例都是以通俗易懂的语言描述，并配以示例源代码帮助读者更好的掌握 ASP.NET MVC 网站开发。

（3）由浅入深，逐步讲解。本书按照由浅入深的顺序，循序渐进地介绍了 ASP.NET MVC 的相关知识。各个章节在编写的时候都是层层展开、环环相套的。

（4）本书采用"教、学、做一体化"的教学方法，实行"教做合一"的学习过程。书中的综合案例紧紧围绕着实际项目进行，各章完成技术准备后，为完成系统中功能设计和实现建立良好的环境，每章分别完成项目的一个部分，最终实现一个完整的基于 ASP.NET MVC 的在线书店项目。

（5）本书配有丰富教学资配。除了 PPT 等教辅资源，还提供了全部的案例源代码和电子资源。

读者可登录人民邮电出版社教学服务与资源网（www.ptpedu.com.cn）下载使用，也可在讨论区与作者互动交流。

本书由董宁担任主编，谢日星、肖奎、余恒芳担任副主编，王路群任主审，姜益民（武汉光谷信息技术有限公司）、刘洁、陈丹、肖英、李唯、刘嵩、鄢军霞、陈娜参加编写。

由于编者水平有限，书中不妥或错误之处在所难免，殷切希望广大读者批评指正。同时,恳请读者如果发现错误，于百忙之中及时与编者联系（ E-mail:svc.dong@gmail.com ），以便尽快更正，编者将不胜感激。

编 者
2014 年 1 月

目 录 CONTENTS

第1章 ASP.NET MVC 概述 1

1.1 ASP.NET MVC 简介 1
    1.1.1 初识 MVC 模式 1
    1.1.2 MVC 模式在 Web 开发中的应用 2
    1.1.3 ASP.NET 与 ASP.NET MVC 3
    1.1.4 ASP.NET MVC 现状 4
1.2 MVC 模式下的 Web 项目开发 5
    1.2.1 开发环境 5
    1.2.2 应用程序的结构 5
1.3 ASP.NET MVC 生命周期 10

第2章 初识 ASP.NET MVC 项目开发 12

2.1 示例项目概述——在线书店 12
2.2 利用项目模板创建 ASP.NET MVC 项目 14
2.3 创建控制器 16
2.4 创建数据模型 19
2.5 创建视图 23
2.6 实现订单提交功能 27
    2.6.1 在动作中接收连接参数 27
    2.6.2 在视图中创建表单 30
    2.6.3 将视图中的表单数据传递到动作 32

第3章 数据模型 41

3.1 数据模型概述 41
3.2 创建数据模型 41
    3.2.1 基于 LINQ to SQL 的数据模型 42
    3.2.2 基于 Entity Framework 的数据模型 44
    3.2.3 自定义数据模型 45
3.3 ASP.NET MVC 项目数据模型的选择与使用 46
    3.3.1 创建基于 Entity Framework 的数据模型 47
    3.3.2 基于 Entity Framework 数据模型的数据查询 50
    3.3.3 基于 Entity Framework 数据模型的数据更新 52
    3.3.4 基于 Entity Framework 数据模型的数据添加与删除 53
3.4 库模式数据模型 54

第4章 控制器技术 62

4.1 控制器概述 62
    4.1.1 Controller 的创建与结构 62
    4.1.2 Controller 的执行过程 65
4.2 动作名称选择器 65
4.3 动作方法选择器 67
    4.3.1 NonAction 属性 67
    4.3.2 HttpGet 属性、HttpPost 属性、HttpDelete 属性和 HttpPut 属性 67
4.4 过滤器属性 69
    4.4.1 授权过滤器 71
    4.4.2 动作过滤器 74
    4.4.3 结果过滤器 76
    4.4.4 异常过滤器 78
    4.4.5 自定义动作过滤器 79
4.5 动作执行结果 81
    4.5.1 常用的动作执行结果类 82
    4.5.2 ViewData 与 TempData 85

第 5 章 视图技术 99

- 5.1 视图概述 99
- 5.2 创建与指定视图 100
- 5.3 表单和 HTML 辅助方法 102
  - 5.3.1 表单的使用 102
  - 5.3.2 HTML 辅助方法 103
  - 5.3.3 输入类辅助方法 104
  - 5.3.4 显示类辅助方法 105
- 5.4 强类型视图 109
  - 5.4.1 强类型视图 109
  - 5.4.2 强类型辅助方法 111
- 5.5 视图模型 112
- 5.6 分部视图 113
  - 5.6.1 分部视图的作用 113
  - 5.6.2 创建分部视图 114
  - 5.6.3 使用分部视图 114
- 5.7 Razor 视图引擎 115
  - 5.7.1 视图引擎 115
  - 5.7.2 Razor 概述 115
  - 5.7.3 代码表达式 116
  - 5.7.4 HTML 编码 117
  - 5.7.5 代码块 118
  - 5.7.6 Razor 语法 118
  - 5.7.7 布局 121
- 5.8 模型绑定 123
  - 5.8.1 强类型视图模型绑定 123
  - 5.8.2 非强类型视图模型绑定 124
  - 5.8.3 控制可被更新的 Model 属性 126

第 6 章 数据验证 136

- 6.1 MVC 数据验证概述 136
- 6.2 验证属性的使用 138
  - 6.2.1 添加验证属性 138
  - 6.2.2 常用验证属性 142
  - 6.2.3 自定义错误提示消息及其本地化 143
  - 6.2.4 控制器操作和验证错误 145
- 6.3 自定义验证 146
  - 6.3.1 自定义验证属性 146
  - 6.3.2 IValidatableObject 149
- 6.4 扩充基于 Entity Framework 的数据模型 150
  - 6.4.1 应用 partial 扩展原有 Model 150
  - 6.4.2 定义 Model 的 Metadata 151

第 7 章 应用 AJAX 158

- 7.1 AJAX 辅助方法 158
  - 7.1.1 AJAX 的 actionlink 方法 159
  - 7.1.2 AJAX 表单 161
- 7.2 客户端验证 166
  - 7.2.1 jQuery 验证 166
  - 7.2.2 自定义验证 169
- 7.3 自定义 AJAX 功能 171
  - 7.3.1 jQuery UI 172
  - 7.3.2 自动完成功能的实现 173
  - 7.3.3 JSON 和 jQuery 模板 174
- 7.4 提高 AJAX 性能 178
  - 7.4.1 使用内容分发网络 178
  - 7.4.2 脚本优化 178

第 8 章 网址路由 183

- 8.1 网址路由概述 183
  - 8.1.1 路由比对与 URL 重写 183
  - 8.1.2 定义路由 184
  - 8.1.3 路由命名 187
  - 8.1.4 路由常见用法 188
  - 8.1.5 路由调试 191
- 8.2 自定义路由 192
- 8.3 Web 窗体与网址路由 193

第 9 章 单元测试 210

- 9.1 单元测试与测试驱动开发 210
  - 9.1.1 单元测试 210
  - 9.1.2 测试驱动开发 211
- 9.2 MVC 项目中的单元测试 213
  - 9.2.1 默认单元测试 214
  - 9.2.2 自定义单元测试 216
- 9.3 MVC 单元测试技巧 216
  - 9.3.1 控制器测试 217
  - 9.3.2 应用 Mock 对象 217
  - 9.3.3 路由测试 219

第 10 章 ASP.NET MVC 高级技术 233

- 10.1 路由高级应用 233
  - 10.1.1 扩展路由 233
  - 10.1.2 可编辑路由 233
- 10.2 模板 237
  - 10.2.1 默认模板 237
  - 10.2.2 自定义模板 238
- 10.3 控制器高级应用 239
  - 10.3.1 定义控制器 239
  - 10.3.2 抽象基类 239
  - 10.3.3 添加控制器操作 240
  - 10.3.4 ActionResult 应用 241
  - 10.3.5 异步控制器 244

第1章 ASP.NET MVC 概述

本章导读

本章简明扼要地介绍 ASP.NET MVC，解释 ASP.NET MVC 如何适应 ASP.NET，总结 ASP.NET MVC 4 的一些新特性，并介绍 ASP.NET MVC 4 应用程序开发环境。

本章要点

- 理解 ASP.NET MVC
- ASP.NET MVC 4 概述
- ASP.NET MVC 4 应用程序的创建方法
- ASP.NET MVC 4 应用程序的结构

1.1 ASP.NET MVC 简介

ASP.NET MVC 是微软公司在原有的 ASP.NET 框架基础上提出的一个新的 MVC 框架。利用 ASP.NET MVC，.NET 开发人员可以用 MVC 模式来构建 Web 应用，做到清晰的概念分离（UI 或视图与业务应用逻辑分离，应用逻辑和后端数据分离），同时还可以使用测试驱动开发。下面在学习 ASP.NET MVC 之前，我们需要先了解什么是 MVC。

1.1.1 初识 MVC 模式

MVC 不是一种编程语言，严格来说也不算是一种技术，而是一种开发架构，一种开发观念，或者说是一种程序设计模式。

在开发软件时，开发人员最熟悉也是最常面对的状况之一就是"变化"。需求会变，技术会变，老板和客户也会变，有些情况下项目经理也常在变。需求的不断变化对软件质量和可维护性有很强的破坏性。但这是我们必须面对的现实，我们唯一能够做的就是有效降低变化所带来的冲击，而 MVC 就是一种可行的解决方案。

MVC 成为计算机科学领域重要的设计模式已有多年的历史。1979 年，它最初被命名为事物-模型-视图-编辑器（Thing-Model-View-Editor），后来简化成了模型-视图-控制器（Model-View-Controller）。之所以会提出 MVC 的概念，主要目的就在于简化软件开发的复杂度，以一种概念简单却又权责分明的架构来贯穿整个软件开发流程，通过业务逻辑层与数据表现层的分割，把这两部分数据分离开来，以编写出更具模块化、可维护性更高的程序。自从引入以来，MVC 已经在数十种框架中应用，在 Java 和 C++语言中、在 Mac 和 Windows 操作系统中，以及在很多架构内部都用到了 MVC。

MVC 将软件开发过程大致分割成 3 个主要单元，分别为模型（Model）、视图（View）和控制器（Controller），简称 MVC，其定义如下。

模型：一组类，描述了要处理的数据以及修改和操作数据的业务规则；

视图：定义应用程序用户界面的显示方式；

控制器：一组类，用于处理来自用户、整个应用程序流以及特定应用程序逻辑的通信。

1.1.2 MVC 模式在 Web 开发中的应用

MVC 模式目前已经被广泛地应用于 Web 程序设计中。在 ASP.NET MVC 中，MVC 的 3 个主要部分有着明确的分工。

模型（Model），也可称作数据模型，负责所有与数据有关的任务：

- 定义数据结构；
- 负责连接数据库；
- 从数据库中读写数据；
- 执行存储过程；
- 进行数据格式验证；
- 定义与验证业务逻辑规则；
- 对数据进行加工和处理。

总之，所有与数据有关的任务，都应该在模型（Model）里完成或定义。在 ASP.NET MVC Web 应用开发中，我们可以将 Model 想象成一个命名空间（Namespace），它定义了一些类（Class）来负责所有与数据有关的工作，常见的相关技术包括 ADO.NET、类型化数据集（Typed Dataset）、实体数据模型（Entity Framework）、Linq to SQL、数据访问层（Data Access Layer）和库模式（Repository Pattern）等，在本书的第 3 章中将详细介绍 ASP.NET MVC 中的模型（Model）部分。

视图（View）负责所有与用户有关的接口，简单来说就是输入与输出。输出工作指将数据显示在用户接口上，如 HTML，输入工作则是将用户输入的数据传回服务器，具体任务包括：

- 从控制器（Controller）处取得数据，并将数据显示在用户接口上；
- 负责控制页面的版式、字体、颜色等各种显示方式；
- 参考模型（Model）定义的数据格式来定义数据显示方式；
- 在 Web 页面中送出数据到服务器；
- 决定数据的传递格式和传送方式；
- 完成基本的数据验证。

总之，所有要显示在 Web 页面上的逻辑都是由 View 负责的。

控制器（Controller），其任务与名称一样，就是掌控全局，它负责的工作如下。

- 决定系统运作流程；
- 负责从模型（Model）中获取数据；
- 决定该显示哪个视图（View）。

控制器（Controller）的运作模式如图 1-1 所示。所有与视图和模型无关的逻辑都由控制器定义。

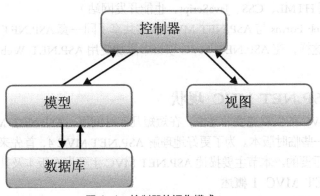

图1-1 控制器的运作模式

ASP.NET MVC是微软公司推出的MVC架构Web应用开发平台，它采用了许多与其他MVC开发平台所使用的相同的核心策略，再加上它提供的编译和托管代码的好处，以及利用.NET平台的新特性，比如Lambda表达式、动态对象和匿名类型等，使其成为了强大的Web应用开发框架。同时ASP.NET MVC也遵循了大部分基于MVC的Web应用开发框架所使用的一些基本原则：约定优于配置（convention over configuration）、不重复（DRY）、尽量保持模块化（pluggability）和尽量为开发人员提供帮助，但必要时允许开发人员自由发挥。

1.1.3 ASP.NET 与 ASP.NET MVC

ASP.NET是微软在2002年首次推出的Web应用开发平台，在发布之初，包含下面两个抽象层。

- System.Web.UI：Web Forms层，由服务器控件、ViewState等组成。
- System.Web：管道程序，提供基本的Web堆栈，其中包括组件模块、处理程序和HTTP堆栈等。

在ASP.NET MVC出现以前，在Web Forms层开发是ASP.NET开发的主流方向，利用拖放控件、ViewState以及强大的服务器控件来处理Web应用逻辑。然而，ASP.NET Web Forms开发方式也会带来一些问题，比如经常混淆页面生命周期，生成的HTML页面代码不理想等。面对越来越复杂的Web应用需求，ASP.NET Web Forms也变得异常复杂且难以维护。尤其是需要进行HTML代码微调的时候，更是ASP.NET Web Forms开发人员的噩梦，而且还看不到控件的源代码。

在ASP.NET MVC发布之后，Web Forms被视图（View）取代，视图里面不再有复杂的程序或业务逻辑，而仅留下显示的部分，如HTML、JavaScript、数据显示和表单等。然后由控制器（Controller）负责控制其余的部分，由模型（Model）负责访问数据或验证数据格式，进而提升项目的可维护性。

ASP.NET MVC开发模式可以给我们带来如下好处。

- 清晰而功能分明的架构可以帮助我们写出较ASP.NET Web Forms更易于维护的程序；
- 完全的开源；
- 可以让我们完全控制HTTP的输出内容；
- 易于测试的架构；
- 易于分工的架构。

不过ASP.NET MVC并不像ASP.NET Web Forms那么容易上手（利用ASP.NET Web

Forms，即使不懂 HTML、CSS、JavaScript，也能开发网站）。

ASP.NET Web Forms 与 ASP.NET MVC 其实共享了同一套 ASP.NET 框架，他们的底层是一样的。正因为这样，在 ASP.NET MVC 项目中添加使用 ASP.NET Web Forms 技术的页面也是可行的。

1.1.4 ASP.NET MVC 现状

ASP.NET MVC 的发展速度非常快，在短短几年时间里，ASP.NET MVC 已经发布了 4 个主要版本，还有一些临时版本。为了更好地理解 ASP.NET MVC 4，首先来了解 ASP.NET MVC 的发展历程是很重要的。本节主要描述 ASP.NET MVC 主要发布版本及其背景。

1．ASP.NET MVC 1 概述

2007 年 2 月，微软公司的 Scott Guthrie 草拟出了 ASP.NET MVC 的核心思想，并编写了实现代码。这是一个只有几百行代码的简单应用程序，但它给微软公司 Web 开发框架带来的前景和潜力是巨大的。

在官方发布之前，ASP.NET MVC 并不符合微软的产品标准。ASP.NET MVC 经历的开发周期非常多，在官方版本发布之前已有 9 个预览版本，它们都进行了单元测试，并在开源许可下发布了代码。在最终版本发布之前，ASP.NET MVC 已经被多次使用和审查。2009 年 3 月 13 日 ASP.NET MVC 正式发布。

2．ASP.NET MVC 2 概述

与 ASP.NET MVC 1 发布时隔一年，ASP.NET MVC 2 于 2010 年 3 月发布。ASP.NET MVC 2 的主要特点如下所示。

- 带有自定义模板的 UI 辅助程序；
- 在客户端和服务器端基于属性的模型验证；
- 强类型 HTML 辅助程序；
- 升级的 Visual Studio 开发工具。

根据应用 ASP.NET MVC 1 开发各种应用程序的开发人员的反馈意见，ASP.NET MVC 2 中也增强了许多 API 功能，例如：

- 支持将大型应用程序划分为区域；
- 支持异步控制器；
- 使用 Html.RenderAction 支持渲染网页或网站的某一部分；
- 新增许多辅助函数和实用工具等。

ASP.NET MVC 2 发布的一个重要特点就是很少有重大改动，这是 ASP.NET MVC 结构化设计的一个证明，这样就可以实现在核心不变的情况下进行大量扩展。

3．ASP.NET MVC 3 概述

在微软新发布的开发工具 Web Matrix 的推动下，ASP.NET MVC 3 于 ASP.NET MVC 2 发布后第 10 个月推出，并做出了如下改进。

- 支持更友好的视图表达，包括新的 Razor 视图引擎；
- 支持.NET 4.0 数据新特性；
- 改进了模型验证，使验证更加简洁、高效；
- 丰富的 JavaScript 支持，其中包括非侵入式 JavaScript、jQuery 验证和 JSON 绑定；
- 支持使用 NuGet。

4．ASP.NET MVC 4 概述

ASP.NET MVC 4 被内置于微软的 Visual Studio 2012 开发工具发布，其做出了如下改进。
- 新增了手机模板、单页应用程序、Web API 等模板；
- 更新了一些 JavaScript 库，其中示例页面也使用了 jQuery 的 AJAX 登录；
- 增加了 OAuth 认证与 Entity Framework 5 的支持；
- 增强了对 HTML5、AsyncController 等的支持。

1.2 MVC 模式下的 Web 项目开发

学习 ASP.NET MVC 的最好方法就是通过项目开发来理解其工作原理。在实际的开发工作开始之前，让我们先把 ASP.NET MVC 所需的开发环境准备好。

1.2.1 开发环境

ASP.NET MVC 4 可以在以下 Windows 操作系统中运行。
- Windows XP；
- Windows Vista；
- Windows 7；
- Windows 8。

同时 ASP.NET MVC 4 可以运行在以下服务器操作系统中。
- Windows Server 2003；
- Windows Server 2008；
- Windows Server 2008 R2；
- Windows Server 2012。

ASP.NET MVC 4 的开发工具可以安装在 Visual Studio 2010 和 Visual Web Developer 2010 Express，以及它们的后续版本中。

确保满足了基本的软件要求后，下一步就可以在开发或生产的计算机上安装 ASP.NET MVC 4 了。

1．安装 ASP.NET MVC 4 开发组件

在安装好 Visual Studio 2010 或 Visual Web Developer 2010 Express 开发工具后，可以使用 Web Platform Installer（http://www.microsoft.com/web/downloads/platform.aspx）或者可执行的安装包（http://www.asp.net/mvc/mvc4）来安装 ASP.NET MVC 4。

2．在服务器上安装 ASP.NET MVC 4

WebPI 安装程序会检测其是否在没有开发环境支持的计算机上运行，如果是，则 WebPI 将只安装服务器部分。

当在一台服务器上安装 ASP.NET MVC 4 后，MVC 运行时程序集将安装在全局程序集缓存（GAC）中，这意味着服务器上的任何站点都可以访问这些程序集。安装好后，发布在服务器上的 Web 应用程序可以不用包含 ASP.NET MVC 4 已经安装在服务器上的程序集了。

1.2.2 应用程序的结构

安装了 ASP.NET MVC 4 之后，在 Visual Studio 2010 和 Visual Web Developer 2010 中会出现一些新的选项，本书将专注于 Visual Studio 2010 上 ASP.NET MVC 4 应用程序的开发。

通过如下步骤可以创建一个新的 ASP.NET MVC 项目。

1. 选择"文件→新建→项目"选项，如图 1-2 所示。

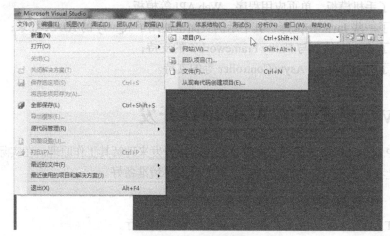

图 1-2　创建应用程序

2. 在"新建项目"对话框中左栏的"已安装的模板"列表中选择"Visual C#"分类下的"Web"，这将在中间栏显示 Web 应用程序类型列表，如图 1-3 所示。

图 1-3　新建 ASP.NET MVC 4 项目

3. 选择"ASP.NET MVC 4 Web 应用程序"，然后单击"确定"按钮。

创建完一个新的 ASP.NET MVC 4 应用程序后，将会出现带有 MVC 特定选项的临时对话框，这些选项用于决定如何创建项目，如图 1-4 所示。在这个对话框中选择的选项可以设置应用程序的大部分基础结构，从账户管理到视图引擎，再到测试。

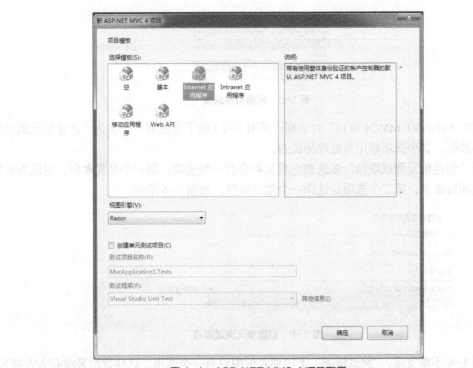

图 1-4　ASP.NET MVC 4 项目配置

首先，可以从 6 个预安装项目模板中选择一个，如图 1-4 所示。这些模板的基本功能说明如下。

- 空模板：该模板不包含任何内容，只会创建一个空的 ASP.NET MVC 项目。
- 基本模板：该模板大部分内容为空，但是项目中仍然包含基本的文件夹、CSS 以及 ASP.NET MVC 应用程序的基础结构。如果直接运行通过基本模板创建的应用程序将会出现错误提示消息，因为还没有设置应用程序启动项。基本模板是为具有 ASP.NET MVC 开发经验的人员设计的，基本模板可以按照他们的想法精确地设置和配置。
- Internet 应用程序模板：通过该模板可以快速创建一个基本的 ASP.NET MVC 应用程序，程序创建之后可以立即运行，并能看到一些页面。Internet 应用程序模板分为两个，前一个创建出的项目包含基于 Web Forms 验证机制（ASP.NET Membership）的账户系统，后一个创建出的项目包含 Windows 验证机制。
- 移动应用程序模板：该模板会创建一个适用于移动设备的 ASP.NET MVC 4 项目，并且包含基于 Web Forms 验证机制（ASP.NET Membership）的账户系统。
- Web API 模板：该模板会创建一个 ASP.NET Web API 项目。

在"新 ASP.NET MVC4 项目"对话框（见图 1-4）中还有一个叫作"视图引擎"的下拉选择框。视图引擎的作用是在 ASP.NET MVC 应用程序中提供不同的模板语言来生成 HTML 标记。在 ASP.NET MVC 以前的版本中，视图引擎仅有的内置选项是 ASPX，这一选项在 ASP.NET MVC 4 中依然存在，同时还添加了一个新选项 Razor，如图 1-5 所示。本书后面所有视图都是基于 Razor 视图引擎编写的。

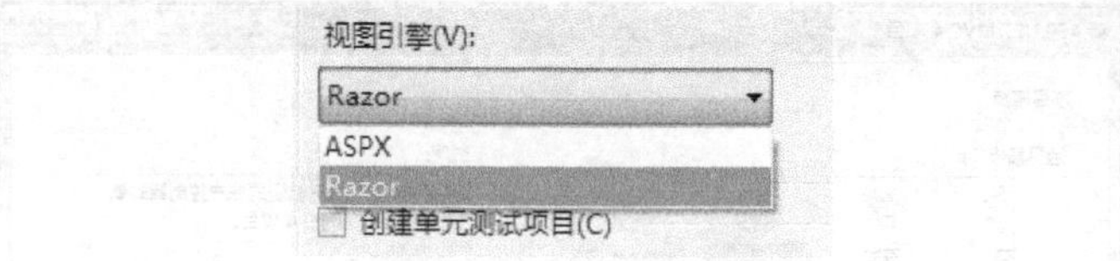

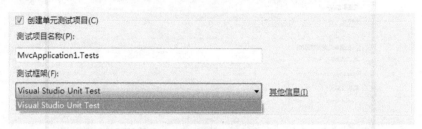

图 1-5　视图引擎选择

在"新 ASP.NET MVC4 项目"对话框（见图 1-4）的下方还有一个名为"创建单元测试项目"的多选框，这个选项是用来处理测试的。

选择"创建单元测试项目"多选框之后又将会有一些选项：第一个是文本框，可以为将创建的测试项目命名；第二个选项是选择一个测试框架，如图 1-6 所示。

图 1-6　创建单元测试项目

从图 1-6 不难发现，"测试框架"下拉列表框中只有一个选项，这样看起来没有太大意义。之所以将这个选项用一个下拉框显示，是因为可以用这个对话框注册单元测试框架，如果已经安装了其他单元测试框架（像 XUnit、NUnit、MbUnit 等），那么它们也会出现在下拉列表中。

只有 Visual Studio 2010 Professional 及其以上版本才支持 Visual Studio Unit Test 框架，如果使用的是其他开发工具，想要这个下拉列表显示出来，需要安装 NUnit、MbUnit 或 ASP.NET MVC 的 XUnit 扩展。

目前我们暂时不勾选"创建单元测试项目"多选框，用第一个"Internet 应用程序" 模板并选择 Razor 视图引擎创建我们的第一个 ASP.NET MVC 项目。如何在 ASP.NET MVC 项目开发中使用单元测试，将在本书第 9 章中详细介绍。

在使用 Visual Studio 创建了一个新的 ASP.NET MVC 应用程序之后，将自动向这个项目中添加一些目录和文件，如图 1-7 所示。

图 1-7　创建单元测试项目

ASP.NET MVC 4 项目默认含有 9 个顶级目录，每个目录都有特定的分工，如表 1-1 所示。

表 1-1　　ASP.NET MVC 4 项目顶级目录及其用途

目录	用途
Controller	该目录用于保存那些处理 URL 请求的 Controller 类
Models	该目录用于保存那些表示和操纵数据以及业务对象的类
Views	该目录用于保存那些负责呈现和输出结果（如 HTML）的 UI 模板文件
Scripts	该目录用于保存 JavaScript 库文件和脚本（.js）
Content	该目录用于保存 CSS 和其他非动态/非 JavaScript 的内容
App_Data	该目录用于存储想要读取/写入的数据文件
App_Start	该目录用于保存那些项目配置相关的类
Filters	该目录用于保存那些动作过滤器相关的类
Images	该目录用于保存图像文件

默认的 ASP.NET MVC 4 项目目录结构提供了一个很好的默认目录约定，使得应用程序的关注点很清晰。不过 ASP.NET MVC 项目并不是非要这个结构。事实上，那些处理大型应用程序的开发人员通常跨多个项目来分割应用程序，以便让该应用程序更易于管理（如数据模型常常位于一个单独的类库项目中）。

在默认的 Controllers 目录中，Visual Studio 默认添加了两个控制器类 HomeController 和 AccountController，在 Views 目录中默认添加了 Home、Account 和 Shared 三个子目录和一些模板文件，在 Content 目录中默认添加了一个 Site.css 文件用于调整项目中所有 HTML 文件的样式，在 Scripts 添加了一些常用 JavaScript 库。

这些由 Visual Studio 添加的默认文件提供了一个可以运行的 Web 应用程序的基本结构，完整地包括了首页、关于页面、基本的账户管理和一个用于错误处理的页面。

在默认情况下，ASP.NET MVC 项目对约定的依赖性很强。例如，当解析视图模板时，ASP.NET MVC 采用一种基于约定的目录命名方式和结构，这个约定可以使在从 Controller 类中引用视图引擎时省略位置路径信息。默认情况下，ASP.NET MVC 会在应用程序下的\View\[ControllerName]\目录中查找视图模板文件。

约定优于配置（Convention over Configuration）是一种软件设计范例，其主要目的是缩短开发人员在设计架构时用于决策的时间，减少由于软件设计过于富有弹性而导致的软件过于复杂的情况，通过约定让同一个团队中的开发人员可以共享同一套设计架构。这样做可以减少思考时间，降低沟通成本，又不失软件开发的弹性。

ASP.NET MVC 就是一个合理利用约定优于配置思想的开发框架。它通过 MVC 设计模式的规则将开发框架分割成 Model、View 和 Controller 三个部分，而且明确定义开发人员必须按照特定的约定来开发程序。

- 控制器类：必须位于项目的 Controllers 目录下，控制器类的名称必须以 Controller 结尾；
- 视图：必须置于项目的 Views 目录下，Views 目录的第一级目录名称必须与其对应的控制器的名称相同，Views 目录的控制器名称目录下的文件名必须与其对应的 Action 的名称相同。

1.3 ASP.NET MVC 生命周期

ASP.NET MVC 的执行生命周期主要分为三个阶段，分别是网址路由对比、执行控制器（Controller）与动作（Action）和执行视图（View）并返回结果。从 ASP.NET MVC 接受 HTTP 请求到返回 HTTP 响应的过程如图 1-8 所示。

图 1-8 ASP.NET MVC 执行生命周期

当 IIS 收到 HTTP 请求后，会先通过网址路由模块处理所有与网址路由有关的运算，在默认情况下，如果该网址可以对应到网站根目录下的实体文件，就不会通过 ASP.NET MVC 进行处理，而是直接交由 IIS 或 ASP.NET 执行。

例如，网址"http://localhost/Content/Site.css"，由于在网站根目录下有"Content"目录，且"Content"目录中也正好有一个 Site.css 文件，所以 ASP.NET MVC 不会将其网址解析成 Content 控制器和 Site.css 动作。

再举一个 ASP.NET Web Forms 的例子，网址为"http://localhost/Member/Login.aspx"。在这种情况下，如果在网站根目录中有使用 ASP.NET Web Forms 编写的"/Member/Login.aspx"程序存在，ASP.NET MVC 就不会起作用，而是将流程的控制权交由 IIS，并由 IIS 将其交由下一个模块执行，在这里就会按照 ASP.NET Web Forms 的方式执行"/Member/Login.aspx"程序。

又如，如果网址 http://localhost/Books/Detail/1，不对应任何服务器上的实际文件，那么 ASP.NET MVC 就会使用网址路由，将网址请求解析成对 BooksController 控制器中的 Detail 动作的执行，并将"1"作为参数传递给 Detail 动作。

在 ASP.NET MVC 中动作（Action）执行完后会调用网页模板，并将模板与数据结合，最后，将 HTML 响应到客户端。

本章小结

本章涵盖了很多内容。首先对 ASP.NET MVC 进行了介绍，展示了 ASP.NET Web 框架和 MVC 软件模式如何结合起来为构建 Web 应用程序提供强大的系统。回顾了 ASP.NET MVC 经由三个版本发展成熟的历程,深入讲解了 ASP.NET MVC 的特征及其关注点。在后面的章节中本书将更加详细地介绍 ASP.NET MVC 的每一个部分。

习题

1-1 什么是 MVC 软件模式?

1-2 能否让 ASP.NET MVC 与 ASP.NET Web Forms 在同一个项目中?该如何做?

1-3 ASP.NET MVC 的执行生命周期是怎样的?

第 2 章 初识 ASP.NET MVC 项目开发

本章导读

本章将介绍如何用 Visual Studio 2010 创建一个 ASP.NET MVC 项目,并介绍 ASP.NET MVC 项目有哪些基本的目录结构,以及 ASP.NET MVC 项目中核心模块的创建和作用。

本章要点

- 创建 ASP.NET MVC 项目
- 创建控制器
- 创建数据模型
- 创建视图

2.1 示例项目概述——在线书店

在线书店是一个完整的 ASP.NET MVC 项目,其中包括购物、结账和管理等功能,如图 2-1 所示。本书中的很多示例都来自这个 Web 应用程序,并将以此项目贯穿始终,带领读者由浅入深,逐渐掌握 ASP.NET MVC 项目开发的方法。

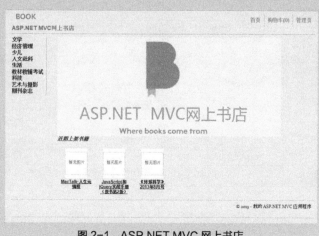

图 2-1 ASP.NET MVC 网上书店

本在线书店项目开发完成后，将涵盖以下功能。

浏览：根据类别浏览书籍，如图 2-2 所示。

图 2-2　根据类别浏览书籍

购书：向购物车中添加书籍，如图 2-3 所示。

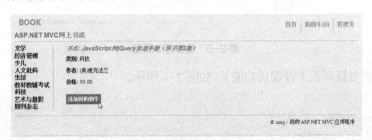

图 2-3　添加书籍到购物车

购物车：查看和管理购物车，如图 2-4 所示。

图 2-4　管理购物车

结算：生成一个订单并且结账，注销登录，如图 2-5 所示。

图 2-5　提交订单页面

管理：编辑书籍列表（管理员功能），如图 2-6 所示。

图 2-6　书籍管理页面

在本章，我们通过一个简化版的在线书店项目实例，简要说明 ASP.NET MVC 项目的开发过程，让初次接触 ASP.NET MVC 的读者能够对 ASP.NET MVC 项目开发有一个大致的认识。本章的核心在于体验 ASP.NET MVC 的开发过程，若遇到看不懂的词汇或技术，可以先跳过。本书后续章节将对这些词汇或技术进行详细说明。

2.2　利用项目模板创建 ASP.NET MVC 项目

ASP.NET MVC 是一套建立在 ASP.NET 基础上的 Web 应用项目开发框架，在 Visual Studio 2010 中提供了完整的 ASP.NET MVC 项目模板，利用此模板可以快速地创建标准的 ASP.NET MVC 项目。用 ASP.NET MVC 项目模板创建项目的步骤如下。

1. 启动 Visual Studio 2010，打开"文件"菜单，选择"项目"选项，如图 2-7 所示。（本书使用的是 ASP.NET MVC 4 开发环境，该环境要求在安装 Visual Studio 2010 sp1 版本的基础上额外下载并安装 ASP.NET MVC 4 for Visual Studio 2010，参见 http://www.asp.net/mvc/mvc4。）

图 2-7　新建项目

2. 在"新建项目"窗口的"已安装的模板"列表中选择"Web"类别，然后在项目模板列表中选择"ASP.NET MVC 4 Web 应用程序"，如图 2-8 所示。最后单击"确定"按钮。

图 2-8　创建 ASP.NET MVC 4 Web 应用程序

3. 在"新 ASP.NET MVC 4 项目"窗口中的"选择模板"列表中选择"Internet 应用程序"模板，在"视图引擎"下拉列表框中选择"Razor"，目前暂时不用勾选"创建单元测试项目"，如图 2-9 所示。最后单击"确定"按钮。

图 2-9　选择 ASP.NET MVC 4 项目模板

4. 此时，ASP.NET MVC 4 项目已经创建完成，选择"调试"菜单下的"开始调试"菜单项，即可启动一个默认的 ASP.NET MVC 网站。该网站已具备基本的功能，包括简单的页面和会员机制。这些页面都是用了以 Razor 的布局为网站定义的公共模板和 ASP.NET 内置的 Membership 功能，可以进行会员注册、登录、注销等操作，如图 2-10 所示。

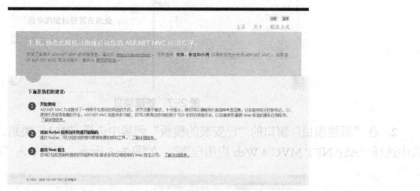

图 2-10 初始的 ASP.NET MVC 4 网站

通过浏览这个刚刚建立起来的 ASP.NET MVC 4 网站，很容易发现其网址结构与 ASP.NET 网站有很大的区别，详见表 2-1。表中列出了 ASP.NET 网站与 ASP.NET MVC 4 网站在查找程序代码位置时的不同之处。

表 2-1 ASP.NET 网站与 ASP.NET MVC 4 网站在查找程序代码位置时的区别

页面名称	使用技术	网址	程序代码位置
首页	ASP.NET 网站	http://localhost	/Index.aspx /Index.aspx.cs
	ASP.NET MVC 4 网站	http://localhost	/Controller/HomeController.cs /Views/Home/Index.aspx
关于	ASP.NET 网站	http://localhost/About.aspx	/About.aspx /About.aspx.cs
	ASP.NET MVC 4 网站	http://localhost/Home/About	/Controller/HomeController.cs /Views/Home/About.aspx

对 ASP.NET 网站来说，网址路径等同于文件路径。这里的网址路径与文件路径的对应相当直接，但若要通过 ASP.NET MVC 4 网站的网址路径来查找文件，就必须配合 ASP.NET MVC 架构来进行。事实上，ASP.NET MVC 的网址路径与文件路径的对应关系是通过网址路由来定义的。本书后面的章节中将会对 ASP.NET MVC 网址路由做详细说明。

2.3 创建控制器

ASP.NET MVC 的核心就是控制器（Controller），它负责处理浏览器传送过来的所有请求，并决定要将什么内容响应给浏览器。但控制器并不负责决定内容应该如何显示，而是仅将特定格式的数据响应给 ASP.NET MVC 架构，最后再由 ASP.NET MVC 架构依据响应的形态来决定如何将数据响应给浏览器。

接下来，我们将在上节创建的 ASP.NET MVC 4 项目中加入控制器，并在控制器里面加入 Index、Order 和 Details 三个动作（Action）以对应简化版在线书店的"浏览"、"提交订单"和

"查看订单"功能。

创建控制器和动作的步骤如下。

1. 打开 ASP.NET MVC 4 项目，在"解决方案资源管理器"窗口中选择"Controllers"目录并单击鼠标右键，在弹出的快捷菜单中选择"添加"下面的"控制器"选项，如图 2-11 所示。

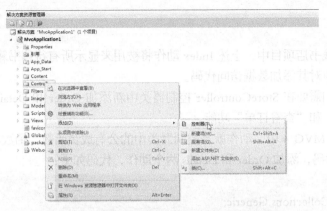

图 2-11 选择"Controllers"目录并添加控制器

2. 在"添加控制器"窗口中输入控制器名称 StoreController，如图 2-12 所示，然后单击"添加"按钮。

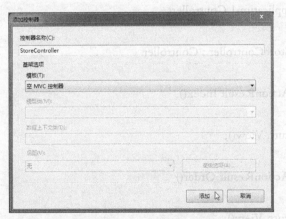

图 2-12 选择"Controllers"目录并添加控制器

此时，Visual Studio 2010 会创建一个名为"StoreController.cs"的 Controller 类文件，在该类中会默认新建一个名为 Index 的动作，代码如下：

```
using System;
using System.Collections.Generic;
using System.Linq;
using System.Web;
using System.Web.Mvc;
namespace MvcApplication1.Controllers
{
    public class StoreController : Controller
```

```
        public ActionResult Index()
        {
            return View();
        }
    }
}
```

在简化版在线书店项目中，上述 Index 动作将被用来显示所有待售书籍。对于这个动作，我们将在下一节中对其添加数据访问代码。

接下来，我们需要在 StoreController 控制器类中新添加 Order 和 Details 两个动作，用于实现"提交订单"和"查看订单"功能。

在 ASP.NET MVC 4 中，动作就是控制器类中的公有成员函数，函数名即为动作名。参照 Index 动作的代码，添加 Order 和 Details 两个动作，代码如下：

```
using System;
using System.Collections.Generic;
using System.Linq;
using System.Web;
using System.Web.Mvc;
namespace MvcApplication1.Controllers
{
    public class StoreController : Controller
    {
        public ActionResult Index()
        {
            return View();
        }
        public ActionResult Order()
        {
            return View();
        }
        public ActionResult Details()
        {
            return View();
        }
    }
}
```

同样，对于 Order 和 Details 两个动作，我们也将在下一节中对其添加数据访问代码，以实现"提交订单"和"查看订单"功能。

2.4 创建数据模型

在 ASP.NET MVC 中，数据模型（Model）负责所有与数据有关的任务，不管是控制器（Controller）还是视图（View），都会参考数据模型里面定义的数据类型，或是使用数据模型里定义的一些数据操作方法，例如新建、删除、修改、查询等。

本节将继续以简化版在线书店项目为例，介绍 ASP.NET MVC 4 中数据模型创建与使用的基本方法。

首先，让我们为简化版在线书店项目创建一个名为 MvcBookStore 的数据库，该数据库应该包含 Books 和 Orders 两个数据表，分别存放书籍数据和订单数据。因为是简化版在线书店项目，所以为了方便我们假设一个订单只包含一本书，暂且让订单与书籍为多对一的关系，但是要注意，在实际的项目开发中订单与书籍应该是多对多的关系。

Books 数据表相关字段和说明如表 2-2 所示。

表 2-2 Books 字段设计及说明

字段名	数据类型	字段说明
BookId	int	书籍 ID；主键；该字段为标识，增量为 1
AuthorName	nvarchar(50)	作者姓名，不能为空
Title	nvarchar(160)	书名，不能为空
Price	numeric(10, 2)	书籍价格，不能为空
BookCoverUrl	nvarchar(1024)	书籍封面 Url，可以为空

Orders 数据表相关字段和说明如表 2-3 所示。

表 2-3 Orders 字段设计及说明

字段名	数据类型	字段说明
OrderId	int	订单 ID；主键；该字段为标识，增量为 1
Address	nvarchar(1024)	送货地址，不能为空
BookId	Int	书籍 ID，外键，对应 Books 表 Books
Num	Int	购书数量，不能为空

在 ASP.NET MVC 中，可以使用任意一种技术来创建数据模型，包括 LINQ to SQL、ADO.NET 和 Entity Framework，其中 Entity Framework 是 ASP.NET MVC 框架推荐使用的数据模型创建技术，所以本书将重点介绍如何利用 Entity Framework 技术创建数据模型。

基于 Entity Framework 技术的数据模型创建步骤如下：

1. 打开简化版在线书店项目，在"解决方案资源管理器"窗口中选择"Models"目录并单击鼠标右键，在弹出的快捷菜单中选择"添加"下面的"新建项"选项，如图 2-13 所示。

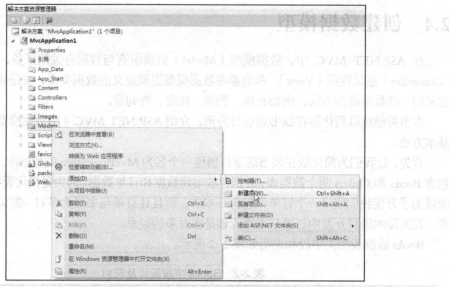

图 2-13 选择"Models"目录并添加新项

2. 在"添加新项"窗口的"已安装的模板"列表中选择"数据"类别，然后在项目模板列表中选择"ADO.NET 实体数据模型"并将名称改为"BookStore.edmx"，如图 2-14 所示。最后单击"确定"按钮。

图 2-14 添加新"ADO.NET 实体数据模型"项

3. 在"实体数据模型向导"窗口中，选择"从数据库产生"，如图 2-15 所示。最后单击"下一步"按钮。

图 2-15 从数据库中生成模型

4. 创建数据库连接,并连接到"MvcBookStore"数据库,并将实体连接字符串改名为"BookStoreEntities",如图 2-16 所示。最后单击"下一步"按钮。

图 2-16 连接到数据库

5. 选择数据库对象，勾选"数据表"对象，如图 2-17 所示。最后单击"完成"按钮。

图 2-17　选择数据库对象

此时，就创建完成简化版在线书店项目所需的数据模型了，如图 2-18 所示。该数据模型可用来对数据库进行数据查询与写入等操作。在这里，项目的"Models"目录只是一个目录而已，其主要目的是帮助开发人员养成将与数据访问或业务逻辑有关的程序都统一集中在"Models"目录下的习惯，但并不强制，并且当项目规模变大时还可以将整个"Models"目录转变成一个独立的项目。

图 2-18　数据模型创建完成

最后,我们在本项目"StoreController"控制器类的"Index"与"Details"两个动作中分别加入一段代码,让"Index"动作能够获取全部待售书籍的数据,让"Details"动作能够获取全部订单的数据。具体代码如下:

```csharp
using System;
using System.Collections.Generic;
using System.Linq;
using System.Web;
using System.Web.Mvc;
namespace MvcApplication1.Controllers
{
    public class StoreController : Controller
    {
        public ActionResult Index()
        {
            //创建数据库实体
            Models.BookStoreEntities db = new Models.BookStoreEntities();
            //获取 Books 数据表数据
            var data = db.Books;
            return View();
        }
        public ActionResult Order()
        {
            return View();
        }
        public ActionResult Details()
        {
            //创建数据库实体
            Models.BookStoreEntities db = new Models.BookStoreEntities();
            //获取 Orders 数据表数据
            var data = db.Orders;
            return View();
        }
    }
}
```

从代码中不难看出,用基于 Entity Framework 技术的数据模型访问数据库非常简单,通过实例化的数据库实体就能快速获取数据表数据。

2.5 创建视图

视图(View)在 ASP.NET MVC 中负责将控制器(Controller)传送过来的数据转换成客

户端需要的输出格式。所有视图中的代码应该是主要完成数据显示这项工作，而不应该有其他的用途。

本节将继续通过简化版在线书店项目实例，介绍 ASP.NET MVC 4 中视图创建与使用的基本方法。接下来，我们将为简化版在线书店项目创建一个 Index 视图，完成在线书店的"待售书籍浏览"功能。

在正式创建视图之前，我们需要完善 StoreController 控制器类的 Index 动作的代码，在 ASP.NET MVC 架构中动作与视图通常是对应的，我们需要让 Index 动作能够传送待售书籍数据到对应视图。

Index 代码如下：

```
public ActionResult Index()
{
        //创建数据库实体
        Models.BookStoreEntities db = new Models.BookStoreEntities();
        //获取 Books 数据表数据
        var data = db.Books;
        //将 Books 数据表数据传递给视图
        return View(data);
}
```

接下来，可以使用 Visual Studio 帮我们自动创建强类型视图，在代码编辑器的"Index"动作对应函数上单击鼠标右键并选择"添加视图"菜单项，如图 2-19 所示。

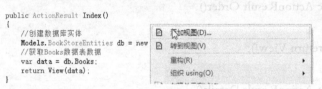

图 2-19 添加视图

在默认情况下，视图名称一般不需要修改，默认视图名称会与动作名称一致。勾选"强类型视图"多选框，并在"模型类"下拉列表框中选择"Books"（注意在添加视图前要将项目编译生成一次，否则在"模型类"下拉列表框中是找不到"Books"选项的），也就是"Index"动作传递给视图的数据类型，然后在"支架模板"下拉列表框中选择"List"，如图 2-20 所示。最后单击"添加"按钮创建视图。

图 2-20 视图默认名称为"Index"

视图创建完成后,页面中会自动包含一个"Books"数据列表,在此只要稍微调整一下,删除一些不需要的字段与功能即可,完成后的代码如下:

```
@model IEnumerable<MvcApplication2.Models.Books>
@{
    ViewBag.Title = "Index";
}
<h2>简化版在线书店</h2>
<table>
    <tr>
        <th>
            作者
        </th>
        <th>
            书名
        </th>
        <th>
            价格
        </th>
        <th>
        </th>
        <th></th>
    </tr>
@foreach (var item in Model) {
```

```
            <tr>
                <td>
                    @Html.DisplayFor(modelItem => item.AuthorName)
                </td>
                <td>
                    @Html.DisplayFor(modelItem => item.Title)
                </td>
                <td>
                    @Html.DisplayFor(modelItem => item.Price)
                </td>
                <td>
                    <img alt="封面"
                        src="../../Images/@Html.DisplayFor(modelItem => item.BookCoverUrl)" />
                </td>
                <td>
                    @Html.ActionLink("购书", "Order", new { id = item.BookId })
                </td>
            </tr>
        }
    </table>
```

对于这个视图，有一些重要的代码值得注意。

首先该页面是基于 Razor 视图引擎创建的，Razor 语法会在本书后续章节详细介绍。页面第一行代码如下：

```
@model IEnumerable<MvcApplication2.Models.Books>
```

表示我们传递到视图的是强类型数据模型，并且表明具体的数据类型是 IEnumerable<MvcApplication2.Models.Books>，同时该代码也表明在页面中可以用 Model 引用传递到页面的数据。

其次值得注意的代码部分是视图如何使用输入的强类型数据，该部分代码如下：

```
@foreach (var item in Model) {
```

Model 代表由 StoreController 控制器中的 Index 动作传入的数据，而 Visual Studio 会因为视图中第一行代码部分的定义得知 Model 就是"IEnumerable<MvcApplication2.Models.Books>"类型，因此，我们可以通过"foreach"函数依次读取这些数据，每一个数据条目都是 MvcApplication1.Models.Books 类型。

由于 Model 的类型已经确定，所以，在 Visual Studio 的代码编辑器中可以用到智能提示提高编码效率。

最终运行项目，在浏览器地址栏的最后加入 "Store"然后跳转，即可看到如图 2-21 所示的运行结果。

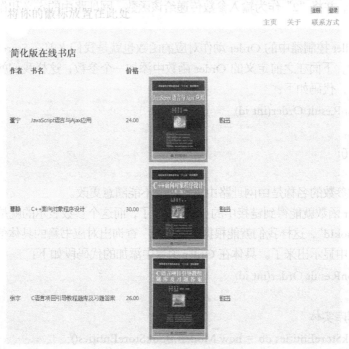

图 2-21 简化版在线书店主页

2.6 实现订单提交功能

通过前几节简化版在线书店的开发,我们已经初步了解了 ASP.NET MVC 架构中控制器(Controller)、数据模型(Model)和视图(View)的开发过程,接下来我们将在项目中添加"提交订单"功能。

"提交订单"功能涉及两部分内容,一是在订单页面中要能显示用户将要购买的书籍,二是是用户能通过订单页面将购书数量和送货地址等信息提交到系统。这里我们将逐步了解到在 ASP.NET MVC 架构中如何通过控制器中的动作接收链接中的数据、如何在视图中创建表单,以及如何把视图中的表单数据传递到控制器里的动作中。

2.6.1 在动作中接收连接参数

在上一节完成的简化版在线书店项目中,我们已经实现了浏览待售书籍的页面,如图 2-21 所示,在该页面的每一本书籍封面的后面都留有一个名为"购书"的链接,我们希望当用户单击该链接后系统能跳转到对应书籍的购买页面,这个页面就是实现"订单提交"功能的页面。

首先回顾一下 StoreController 控制器对应 Index 视图中"购书"链接的生成代码:

@Html.ActionLink("购书", "Order", new { id = item.BookId })

这段代码利用了 ASP.NET MVC 架构提供的 HTML 辅助方法 Html.ActionLink 来生成"购书"链接,该方法在后续章节中会有详细介绍。Html.ActionLink 方法会根据输入参数生成一个链接标记(假设目前对应的"BookId"值为 2),如下:

<a href='Store/Order/2'>购书</a>

从上述链接标记中不难看出,用户单击"购书"链接后会跳转到当前项目的"Store/Order/2"地址,该地址通过 ASP.NET MVC 架构中的网址路由会执行 StoreController 控制器中的 Order

动作对应的函数,并将"2"作为输入参数传递给该函数。网址路由的定义和作用也会在后续章节中详细介绍。

StoreController 控制器中的 Order 动作对应的函数也就是我们之前在 StoreController 类中定义的 Order 函数,下面在之前定义的 Order 函数中添加一个参数,这样我们就可以接收到链接中传入的参数了,代码如下:

```
public ActionResult Order(int id)
{
return View();
}
```

注意这里的参数的名称是由网址路由决定的,不能随意更改。

至此,Order 函数就能得到链接中的"id"参数了,而这个参数表示的就是用户希望购买的书籍对应的"BookId",这样我们就能根据"BookId"查询出对应书籍的具体信息,并在显示给用户的订单页面中显示出来了。具体在 Order 函数中添加的代码段如下:

```
public ActionResult Order(int id)
{
//创建数据库实体
Models.BookStoreEntities db = new Models.BookStoreEntities();
//查询 id 对应书籍信息
var book = db.Books.Where(b => b.BookId == id).FirstOrDefault();
//将书籍信息放置到 ViewData
ViewBag.BookId = book.BookId;
ViewBag.AuthorName = book.AuthorName;
ViewBag.Title = book.Title;
ViewBag.Price = book.Price;
ViewBag.BookCoverUrl = book.BookCoverUrl;
return View();
}
```

这段代码首先通过实体数据模型查询到参数 id 对应的具体书籍信息,然后将书名、作者名、价格和书籍封面地址表存到 ViewData 中,以便对应视图使用。

完成 Order 函数后,就可以按照上节所介绍的方式为其添加视图了,只不过这里在"添加视图"窗口中不再需要勾选"添加强类型视图"多选框了,如图 2-22 所示。

图 2-22　添加 Order 视图

待视图创建完成后，在视图里补充代码，以便视图能够显示用户希望购买的书籍的信息。完成后的视图代码如下：

```
@{
    ViewBag.Title = "提交订单";
}
<h2>提交订单</h2>
<table>
    <tr>
        <th>
            作者
        </th>
        <th>
            书名
        </th>
        <th>
            价格
        </th>
        <th>
        </th>
    </tr>
    <tr>
        <td>
```

```
                @ViewBag.AuthorName
            </td>
            <td>
                @ViewBag.Title
            </td>
            <td>
                @ViewBag.Price
            </td>
            <td>
                <img alt="封面" src="../../Images/@ViewBag.BookCoverUrl" />
            </td>
        </tr>
</table>
```

从视图代码中不难看出，ViewBag 对象可以用来将 Order 动作对应函数中的数据传递到对应的视图，最后运行项目，在书籍浏览页面中单击"购书"链接，就能跳转到对应的提交订单页面了，如图 2-23 所示。

图 2-23 基本的提交订单页面

2.6.2 在视图中创建表单

在上一节，我们创建了"提交订单"功能的页面，并能在页面中显示用户希望购买的书籍信息，接下来需要在该页面中创建表单让用户可以输入购书数量和送货地址等信息，并提交。要在视图中创建表单可以使用 ASP.NET MVC 内置的 HTML 辅助方法来生成字段，需要显示标签的地方可以使用 Html.Label()方法，需要显示文本框的地方则可以使用 Html.TextBox()方法并在该方法的第一个参数中输入字段名称。通过如下代码，可以在 Order 视图中添加包含购书数量和送货地址输入框的表单（书籍编号根据书籍信息自动填入）：

```
<form method="post" action="/Store/Order">
    @Html.Label("BookId","书籍编号")
    @Html.TextBox("BookId",ViewData["BookId"])
    <br />
    @Html.Label("Num","数量")
```

```
        @Html.TextBox("Num")
        <br />
        @Html.Label("Address","地址")
        @Html.TextBox("Address")
        <br />
        <input type="submit" value="提交" />
</form>
```

上述代码经过 ASP.NET MVC 程序输出的 HTML 代码如下：

```
<form method="post" action="/Store/Order">
        <label for="BookId">书籍编号</label>
        <input id=" BookId " name=" BookId " type="text" value="" />
        <br />
        <label for="Num">数量</label>
        <input id="Num" name="Num" type="text" value="" />
        <br />
        <label for="Address">地址</label>
        <input id="Address" name="Address" type="text" value="" />
        <br />
        <input type="submit" value="提交" />
</form>
```

通过代码不难看出，action 属性中的路径是直接写在代码中的（也就是"/Store/Order"这个路径），表示这个表单在送出数据时会发送给 Store 控制器的 Order 动作。

目前 Order 表单的提交地址是固定的，不过将表单提交地址直接写在代码中并不好，因为在 ASP.NET MVC 中，网址路径可以通过 "RouteConfig.cs" 文件中的 RouteConfig 类来自定义和随时修改，所以当修改了 RouteConfig 类后，还要连带修改相关多个视图中的表单提交地址，这就会带来很多麻烦。其实在 ASP.NET MVC 中，可以利用 Html.BeginForm()辅助方法实现自动输出表单标记，用法如下：

```
@using (Html.BeginForm("Order", "Store", FormMethod.Post))
{
......
}
```

上述 Html.BeginForm()辅助方法中的第 3 个参数默认值为 "Post"，所以一般可以省略。

最后运行项目，在书籍浏览页面中单击"购书"链接，就能跳转到对应的提交订单页面了，并且在页面中可以填写订单信息并提交，如图 2-24 所示。

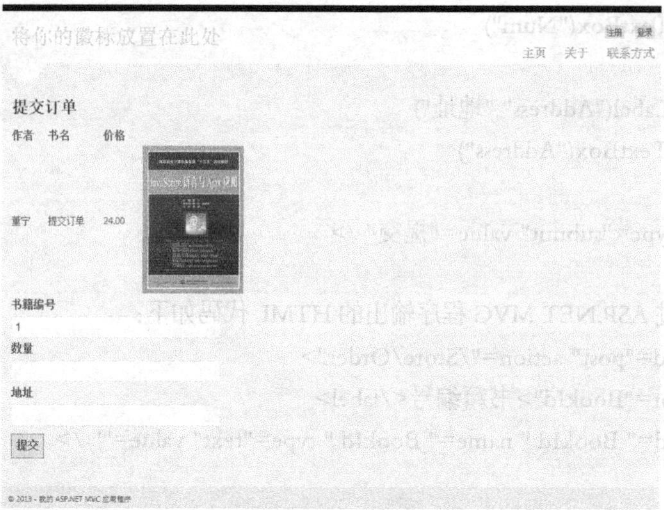

图 2-24 提交订单页面

2.6.3 将视图中的表单数据传递到动作

在上一节中，我们在 Order 视图中添加了表单，表单数据会被发送给 Store 控制器中的 Order 动作，而且表单中会有三个字段一起被送出，分别是 BookId、Num 和 Address，表示书籍编号、购买数量和送货地址。

目前在 Store 控制器中已经有了一个 Order 动作，该动作的作用是显示"提交订单"页面并让用户输入提交订单数据，但是在用户提交订单数据后数据的接收者还是 Order 动作，如何才能区分这两个同名但功能不同的 Order 动作呢？最好的方式就是用 ASP.NET MVC 中的 HttpGet 属性和 HttpPost 属性来区分，因为显示"提交订单"页面的 Order 动作对应的是 HTTP GET 请求，而接受表单数据的 Order 动作对应的是 HTTP POST 请求。HttpGet 和 HttpPost 属性会在后续章节中详细介绍。

下面可以对 StoreController 类做一些修改，在原有的 Order 动作对应的函数上加入 HttpGet 属性，并新添加一个 Order 函数，在函数上添加 HttpPost 属性，代码如下：

```
[HttpGet]
public ActionResult Order(int id)
{
//创建数据库实体
Models.BookStoreEntities db = new Models.BookStoreEntities();
//查询 id 对应书籍信息
var book = db.Books.Where(b => b.BookId == id).FirstOrDefault();
//将书籍信息放置到 ViewData
ViewBag.BookId = book.BookId;
ViewBag.AuthorName = book.AuthorName;
ViewBag.Title = book.Title;
ViewBag.Price = book.Price;
ViewBag.BookCoverUrl = book.BookCoverUrl;
return View();
```

```
}
[HttpPost]
public ActionResult Order()
{
return View();
}
```

接下来，我们给新添加的 Order 函数加入三个参数，让该方法能够接收表单传递过来的数据，代码如下：

```
[HttpPost]
public ActionResult Order(int BookId , int Num , string Address)
{
return View();
}
```

在 ASP.NET MVC 中有一个数据模型绑定（Model Binder）机制，通过这个机制可以自动将客户端传来的数据转换成.NET 类型的数据，也因为这样，我们才能直接通过 Order 函数的参数取得表单传递过来的数据。一般来说该函数参数的名称与对应表单数据的字段名一致，在页面中表单的字段名指的是 input 标记中的 name 属性的值。

Order 动作的前两个参数属于 int 类型，第 3 个参数属于 string 类型，虽然通过 Request.Form() 方法取得的数据都是字符串类型的，但通过数据模型绑定机制，ASP.NET MVC 也会自动帮我们将这些数据转换成 int 类型，让我们能在对应的 Order 动作中用精准的数据类型来开发程序。但如果用户输入了非数值数据，就会导致无法将数据转换为 int 类型的例外情况发生，这就需要我们必须做好前端的字段格式验证工作，具体验证工作如何实现也会在后续章节中详细介绍，目前的项目中暂时不做数据验证工作。

在继续后续工作前，先调试一下项目，看 Order 动作是否能正常接收从 Order 视图的表单传送过来的数据。确认表单数据的确能通过 Order 动作来接收之后，再将数据写入数据库。下面我们就可以利用前面创建好的基于 Entity Framework 技术的数据库实体模型来将数据写入数据库了，Order 动作编写完成后的代码如下：

```
[HttpPost]
public ActionResult Order(int BookId,int Num,string Address)
{
//创建数据库实体
Models.BookStoreEntities db = new Models.BookStoreEntities();
//将订单数据添加到数据库的 Orders 表
db.AddToOrders(new Models.Orders()
{
    BookId = BookId,
    Num = Num,
    Address = Address
});
//将数据保存到数据库
```

```
db.SaveChanges();
return View();
}
```

最后，运行项目并测试订单提交功能，我们会发现数据提交之后，系统还是继续显示"提交订单"页面，不过订单数据已经成功存入到了数据库中。我们希望系统在用户提交订单之后能将详细的订单数据展示给用户，而不是继续停留在"提交订单页面"。

在目前的项目中，之所以用户提交数据后系统还是继续显示"提交订单"页面就是因为上述 Order 动作对应函数最后直接以不带参数的 View 函数返回，而不带参数的 View 函数会对应显示与动作同名的视图。如果希望使用其他视图，我们可以利用 RedirectToAction 函数返回跳转到其他动作并显示其对应视图。

完成后的 Order 动作对应函数代码如下：

```
[HttpPost]
public ActionResult Order(int BookId,int Num,string Address)
{
//创建数据库实体
Models.BookStoreEntities db = new Models.BookStoreEntities();
//将订单数据添加到数据库的 Orders 表
db.AddToOrders(new Models.Orders()
{
    BookId = BookId,
    Num = Num,
    Address = Address
});
//将数据保存到数据库
db.SaveChanges();
return RedirectToAction("Details");
}
```

通过上述 Order 函数的最后一行代码，我们让用户在提交订单后系统能自动跳转到 Details 动作，显示订单详细信息。

下面我们将 Details 动作对应函数的代码编写完成，具体如下：

```
public ActionResult Details()
{
//创建数据库实体
Models.BookStoreEntities db = new Models.BookStoreEntities();
//获取 Orders 数据表数据
var data = db.Orders;
return View(data);
}
```

在上述 Details 函数中，我们利用数据库实体模型获取了 Orders 数据库表中的数据并传递到 Details 视图，最后我们使用前面一节介绍的方式为 Details 动作创建一个同名的强类型视图即可，

视图创建完成后稍做修改并去除不需要的代码即可,具体代码如下:

```
@model IEnumerable<MvcApplication2.Models.Orders>
@{
    ViewBag.Title = "Details";
}
<h2>订单详情</h2>
<table>
    <tr>
        <th>
            送货地址
        </th>
        <th>
            书籍编号
        </th>
        <th>
            购买数量
        </th>
        <th></th>
    </tr>
@foreach (var item in Model)
{
    <tr>
        <td>
            @Html.DisplayFor(modelItem => item.Address)
        </td>
        <td>
            @Html.DisplayFor(modelItem => item.BookId)
        </td>
        <td>
            @Html.DisplayFor(modelItem => item.Num)
        </td>
    </tr>
}
</table>
```

至此,整个简化版在线书店项目就开发完成了,最后的"订单详情"页面如图 2-25 所示。

图 2-25 订单详情页面

本章小结

本章的主要目的是完成简化版在线书店项目的开发，虽然这个项目还不尽完美，还有很多可以改进的地方，但对初学者来说，应该能够初步掌握 ASP.NET MVC 网站项目的实际开发流程，并且了解许多 ASP.NET MVC 的重要功能与特性。至于比较详细的技术内容，将在后面的章节中进行深入分析。

习题

2-1　什么是 ASP.NET MVC？与 ASP.NET 有什么区别？

2-2　分别解释控制器、视图和数据模型的作用。

2-3　创建一个简易的 ASP.NET MVC 留言板网站。

综合案例

概述

本章开头提到的 ASP.NET MVC 网上书店是一个完整的网站，本书将从第 2 章开始，在每章最后的综合案例部分介绍并分步说明如何使用 ASP.NET MVC 和开发 Web 应用程序。

主要任务

- 创建 ASP.NET MVC 网上书店项目
- 修改页面模板
- 修改 HomeController
- 添加 StoreController

实施步骤

1．创建初始项目

根据本章 2.2 节中介绍的步骤创建一个 ASP.NET MVC 项目，注意将项目名称改为"MvcBookStore"并且选择"Internet 应用程序"模板和使用"Razor"视图引擎。

2．调整页面模板

根据 ASP.NET MVC 网上书店需求，我们将用新的页面模板（母版页与 CSS 等）替换原始的页面模板,同时也保留原始的页面模板给用户管理部分使用。具体做法如下。

(1)在"解决方案资源管理器"中的"Content"文件夹下面创建"Account"文件夹,并且将"Content"文件夹下面的"themes"文件夹和"Site.css"文件移动到"Account"文件夹下,如图2-26所示。

图 2-26 调整"Content"文件夹内容

(2)将"解决方案资源管理器"中的"Views"文件夹下的"shared"文件夹中的母版页文件"_Layout.cshtml"移动到"Views"文件夹下的 Account 文件夹中,如图2-27所示。

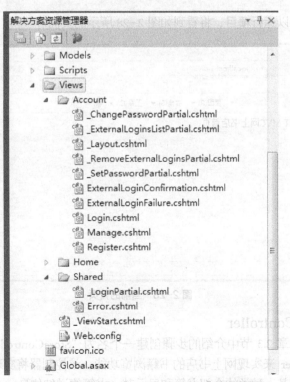

图 2-27 调整原始"_Layout.cshtml"文件位置

通过上述步骤，我们已经将项目默认的页面模板文件转移到了用户管理部分，当然仅仅通过上述步骤还不足以成功运行项目，在第 5 章的综合案例中将继续修改视图代码以最终实现需求。

3. 修改 HomeController 代码

HomeController 是一个控制器类，创建 ASP.NET MVC 项目时会生成一个默认的 HomeController 类，但在 ASP.NET MVC 网上书店中默认的 HomeController 类并不能满足要求，我们需要 HomeController 类能根据 Url 返回网站的主页。将 HomeController 代码改为如下内容：

```
using System;
using System.Collections.Generic;
using System.Linq;
using System.Web;
using System.Web.Mvc;
namespace MvcBookStore.Controllers
{
    public class HomeController : Controller
    {
        public string Index()
        {
            return "ASP.NET MVC 网上书店首页";
        }
    }
}
```

代码修改好后可以运行项目，将看到如图 2-28 所示的页面。

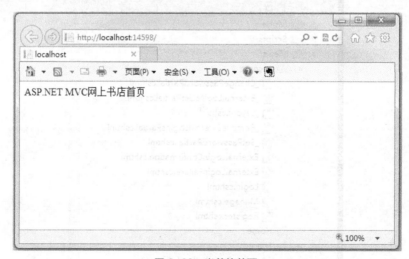

图 2-28　当前的首页

4. 添加 StoreController

接下来，根据本章 2.3 节中介绍的步骤创建一个名为"StoreController"的控制器类。我们将使用 StoreController 来实现网上书店的书籍浏览功能，该控制器将实现三个主要功能：查看全部书籍种类、查看某一种类的全部书籍和显示某一书籍的详细信息。

创建好 StoreController 类后，按如下方式添加和修改类代码：

```csharp
using System;
using System.Collections.Generic;
using System.Linq;
using System.Web;
using System.Web.Mvc;
namespace MvcBookStore.Controllers
{
    public class StoreController : Controller
    {
        //
        // GET: /Store/
        public string Index()
        {
            return "Store.Index()";
        }
        //
        // GET: /Store/Browse
        public string Browse(int id)
        {
            return "Store.Browse(" + id + ")";
        }
        //
        // GET: /Store/Details
        public string Details(int id)
        {
            return "Store.Details(" + id + ")";
        }
    }
}
```

至此，我们就完成了 ASP.NET MVC 网上书店项目的初步创建工作，现在的网站已经可以对如下 URL 做出反馈了：

/Home
/Strore
/Store/Browse/5
/Store/Details/6

这些 URL 分别对应这些功能：显示首页、显示全部书籍种类、显示给定种类编号的书籍和显示给定书籍编号的书籍的详细信息。

当我们运行项目，并浏览"/Store/Browse/5"地址时，将能看到如图 2-29 所示的页面。

图 2-29　显示给定种类编号的书籍的页面

第 3 章 数据模型

本章导读

在开发基于 ASP.NET MVC 的网站的过程中，数据模型（Model）通常是整个项目中首先要开发的部分，所有需要进行数据访问的操作都需要通过调用数据模型完成。数据模型负责通过数据库、Web Service、活动目录或其他方式获得数据，或者将用户输入的数据通过上述方式保存。

本章将介绍常见的数据模型创建技术及数据模型的开发。

本章要点

- 数据模型概述
- 基于 Entity Framework 的数据模型
- 库模式数据模型

3.1 数据模型概述

在 ASP.NET MVC 中，数据模型（Model）负责所有的与数据有关的操作，不论是控制器（Controller）还是视图（View），都会在运行时调用数据模型，或是使用数据模型里定义的一些数据操作方法，比如数据的增删改查。

数据模型部分的代码，一般只能与数据和业务逻辑有关，不负责处理所有与数据无关的操作或是控制视图的显示，而是应该只专注于如何有效地提供数据访问机制、业务逻辑和数据格式验证等。

由于数据模型的独立性非常高，所以在开发大型 ASP.NET MVC 网站时，可以将数据模型部分独立成一个项目，以便数据模型部分代码的测试与共享。

3.2 创建数据模型

在使用 Visual Studio 开发 ASP.NET MVC 项目时，可以好好利用开发工具带来的便利。目前在 ASP.NET MVC 项目中最常见的数据模型是基于 LINQ to SQL 的数据模型和基于 Entity Framework 的数据模型，Visual Studio 可以完美地支持这两种数据模型的创建。

3.2.1 基于 LINQ to SQL 的数据模型

LINQ to SQL 是微软开发的一门非常容易上手的关系数据库映射（ORM，Object-Relational Mapping）技术，在任何基于.NET 平台的项目中都可以使用 LINQ to SQL 来定义数据模型。

接下来将简单说明一下如何在 Visual Studio 2010 中利用 LINQ to SQL 设计工具创建数据模型。

首先，创建一个 ASP.NET MVC 项目，并且建立好数据库，这里将按照第 2 章表 2-2 和表 2-3 建立数据库。然后可以按照如下步骤建立基于 LINQ to SQL 的数据模型。

1. 在"解决方案资源管理器"窗口中选择"Models"目录并单击鼠标右键，在弹出的快捷菜单中选择"添加"下面的"新建项"选项，如图 3-1 所示。

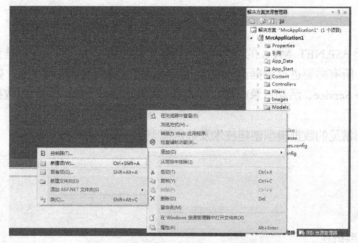

图 3-1　选择"Models"目录并新建项

2. 在"添加新项"窗口的"已安装的模板"列表中选择"数据"类别，然后在项目模板列表中选择"LINQ to SQL 类"并保留默认名称，如图 3-2 所示。最后单击"确定"按钮。

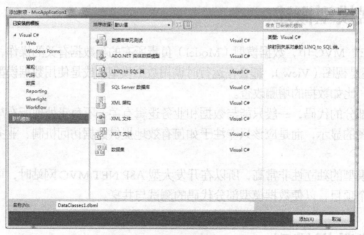

图 3-2　创建数据库映射文件

3. 在如图 3-3 所示界面"服务器资源管理器"窗口中新建数据连接，并连接到目标数据库。

图 3-3 添加数据库连接

4. 在"服务器资源管理器"窗口中打开数据库,并将项目所需的全部数据表拖放到后缀名为"DBML"的设计视图中,如图 3-4 所示。

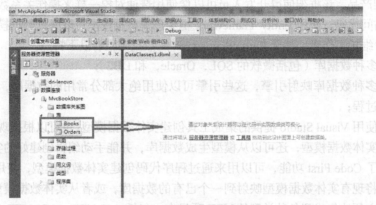

图 3-4 创建数据库实体类

5. Visual Studio 2010 会根据数据库自动创建对应的实体对象,如图 3-5 所示。

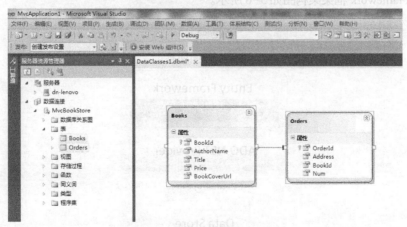

图 3-5 创建好的数据库实体对象

至此,基于 LINQ to SQL 的数据模型已经创建完成。在创建完成后自动生成的类文件中,包含了许多由 Visual Studio 2010 自动生成的类,这些类就是与数据库表格对应的类。

创建好基于 LINQ to SQL 的数据模型后就可以在项目中通过 LINQ 语法快速访问数据库了。例如,通过如下代码即可查询数据库中是否存在名为 "ASP.NET MVC 程序设计" 的书籍了。

```
using (Models.DataClasses1DataContext db = new Models.DataClasses1DataContext()){
    var book = from b in db.Books
               where b.Title == "ASP.NET MVC 程序开发"
               select b;
}
```

从上述代码不难看出,基于 LINQ to SQL 的数据模型可以由 Visual Studio 2010 快速地创建,并让开发人员可以在项目中用一种类似于 SQL 语法的方式查询数据库,极大地提高了开发效率。由于 LINQ to SQL 并不是本书的重点内容,所以这里仅仅只做简单介绍,如果需要深入研究 LINQ to SQL,可以参考微软官方站点或其他参考资料。

3.2.2 基于 Entity Framework 的数据模型

Entity Framework 框架是微软公司在 LINQ to SQL 之后推出的另一个对象/关系映射(ORM)框架产品,该框架使得开发人员可以像使用普通对象一样来操作关系数据,而不用写很多数据库访问代码。使用 Entity Framework 框架创建数据模型可以降低数据模型部分所需的代码量并减少维护工作量。基于 Entity Framework 的数据模型有以下特点。

- 支持多种数据库(包括微软的 SQL,Oracle,和 DB2);
- 包含多种数据库映射引擎,这些引擎可以使用绝大部分常用的数据库,并很好地支持存储过程;
- 可以使用 Visual Studio 提供的集成工具创建实体数据模型,也可以根据现有数据库自动生成实体数据模型,还可以从模型生成数据库,并能手动编辑创建好的实体数据模型;
- 提供了 Code First 功能,可以用来通过程序代码创建实体数据模型,使用 Code First 也可以将现有实体数据模型映射到一个已有的数据库,或者从实体数据模型生成数据库;
- 可以方便地集成到各种类型的 .NET 项目中,包括 ASP.NET、ASP.NET MVC、WPF、WCF 和 WCF 数据服务。

Entity Framework 框架架构图如 3-6 所示。

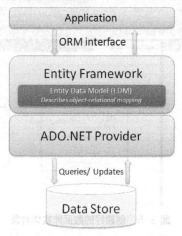

图 3-6　Entity Framework 架构图

从图 3-6 中不难看出，Entity Framework 框架在底层是通过调用 ADO.NET 来实现数据库操作的，所以使用 Entity Framework 框架与直接使用 ADO.NET 访问数据库并不冲突。

使用基于 Entity Framework 的数据模型有如下好处。

- Entity Framework 框架提供了核心的数据访问功能，因此开发人员可以专注于应用逻辑，提高开发效率；
- 开发人员可以面向数据模型对象编程，包括类型继承和创建复杂类型等，在最新版的 Entity Framework 框架中还支持 POCO（Plain Old CLR Objects，这种对象就像文本文件一样，是一种最简单、最原始、不带任何格式的对象）数据对象；
- 通过支持独立于物理/存储模型的概念模型，通过 Entity Framework 框架的使用可以让应用程序不再依赖于特定数据引擎或者存储模式；
- 使用 Entity Framework 框架，可以在不改变应用程序代码的情况下改变数据模型和数据库间的映射；
- 基于 Entity Framework 框架的数据模型也支持 LINQ 语法进行数据操作。

关于基于 Entity Framework 框架的数据模型的创建和使用，将在本章后面做详细介绍。

3.2.3　自定义数据模型

除了使用各类开发框架创建数据模型之外，也可以选择自定义数据模型。创建自定义数据模型就像创建一个 C#类一样，比如根据前面提到的 Books 数据表创建自定义数据模型，代码如下：

```
public class BookModel{
        public int BookId { get; set; }
        public string AuthorName { get; set; }
        public string Title { get; set; }
        public decimal price { get; set; }
        public string BookCoverUrl { get; set; }
}
```

既然 LINQ to SQL 和 Entity Framework 框架都可以自动创建数据模型，那自定义创建数据模型还有什么必要呢？主要原因就是在 Visual Studio 中自动创建的基于 LINQ to SQL 或 Entity Framework 的数据模型并不一定完全符合数据显示或输入输出的要求，这时就需要通过创建自定义数据模型来辅助项目开发。

虽然在 ASP.NET MVC 的开发模式中数据模型并不负责数据的显示工作，但有哪些数据需要被显示在视图中却是由数据模型确定的。在视图中需要确定的是数据的显示方式，如 HTML 或 Flash 等，而数据模型则是确定有哪些数据需要显示。

举例来说，在第 2 章的例子中，如果存储订单的数据表中有一个"订单状态"字段，该字段中的内容是在线书店对订单进行处理时保存的状态标识，而这个内容是不希望被用户看到的。在这种情况下，就可以通过创建自定义数据模型的方式来限制输出的字段中一定不会包含"订单状态"字段的数据。

以 Orders 实体模型为例，该数据模型是基于 Entity Framework 并由 Visual Studio 根据数据库表自动创建的，如图 3-7 所示，只要将此数据模型直接引用到视图中，就可以将每个属性的数据通过视图在页面上输出。如果希望"Status"这个表示订单状态的属性不要在视图中出现，就必须通过自定义数据模型的方式来限制哪些字段可以被显示而哪些不能。

图 3-7　Orders 数据模型

如上所述，这类专门给视图使用的自定义数据模型称为视图数据模型（ViewModel）。视图数据模型还常常被用在绑定用户输入的表单数据上，这一部分内容将在后续章节做详细介绍。

3.3　ASP.NET MVC 项目数据模型的选择与使用

在 ASP.NET MVC 项目中，数据模型基本上都是以 ORM（Object-Relation Mapping）的方式建立的，ORM 即对象-关系映射，是将关系数据库中的业务数据用对象的形式表现出来，并通过面向对象的方式将这些对象组织起来，实现系统业务逻辑的过程。

在 ORM 被提出之前我们知道通过 ADO.NET 可以访问数据库。或者更进一步，学过三层架构的开发人员，知道可以将通过 ADO.NET 对数据库的操作提取到一个单独的类 SqlHelper 中，然后在 DAL（Data Access Layer）层调用 SqlHelper 类的方法实现对数据库的操作。不过，即使这样做了，在数据访问层（DAL），还是要写大量的代码，而且我们都知道对数据库的访问无非增、删、改、查四种操作，那么在数据库操作上肯定存在大量的重复性工作，只是因为操作的表不同，我们可能需要花费大量的时间编写针对该表的增删改查语句，那么有没有一种方式能自动生成这些语句呢？这样的话，我们就可以把主要的精力或者更多的时间投入到特殊业务的处理上。ORM 概念就是为了解决上述问题而提出的。

在使用 ORM 之前，我们编写的程序和数据库之间的耦合很紧密，如果操作的是 SQL Server 数据库，就需要引入对应的类库（SqlConnection），对应不同的数据库需要完全不同的数据访问层的代码。引入 ORM 后 ORM 在项目中的作用如图 3-8 和图 3-9 所示。

图 3-8　ORM 图示 1

通过图 3-8 我们可以看出，O（Object）对应程序中的类 Books，就是对象；R（Relation）对应数据库当中的数据表；M（Mapping）表示程序中对象和数据库中关系表的映射关系，M 通常使用 XML 文件来描述。

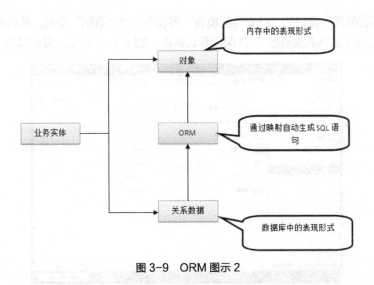

图 3-9　ORM 图示 2

通过图 3-9，我们可以看出业务实体，在数据库中表现为关系数据，而在内存中表现为对象。应用程序处理对象很容易，但是很难处理关系数据。ORM 主要实现了关系数据和对象数据之间的映射，通过映射关系自动产生 SQL 语句，在业务逻辑层和数据层之间充当桥梁。

ORM 不是产品，是能实现面向对象的程序设计语言到关系数据库的映射的框架的总称。这类框架可以使程序员既能利用面向对象语言的简单易用性，又能利用关系数据库的技术优势来实现应用程序的增删改查操作。

目前在.NET 平台下常见的 ORM 框架有 NHibernate、iBatis.NET、Linq to SQL 和 Entity Framework。其中 Entity Framework 是微软最新推出的 ORM 框架，也是目前.NET 平台下的主流 ORM 框架，本节后面将重点介绍基于 Entity Framework 的数据模型的创建与使用。

3.3.1　创建基于 Entity Framework 的数据模型

在 Visual Studio 2010 中创建基于 Entity Framework 的数据模型非常方便。首先，创建一个 ASP.NET MVC 项目，并且建立好数据库，这里同样按照第 2 章表 2-2 和表 2-3 建立数据库。然后可以按照如下步骤建立基于 Entity Framework 的数据模型。

1. 在"解决方案资源管理器"窗口中选择"Models"目录并单击鼠标右键，在弹出的快捷菜单中选择"添加"下面的"新建项"选项，如图 3-10 所示。

图 3-10　选择"Models"目录并新建项

2. 在"添加新项"窗口的"已安装的模板"列表中选择"数据"类别,然后在项目模板列表中选择"ADO.NET 实体数据模型"并保留默认名称,如图 3-11 所示,最后单击"确定"按钮。

图 3-11 选择"ADO.NET 实体数据模型"

3. 在"实体数据模型向导"窗口中选择"从数据库生成"选项并单击"下一步",如图 3-12 所示。

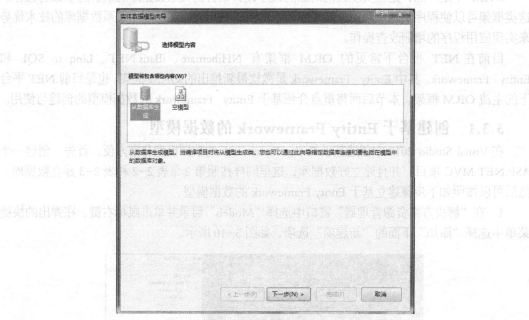

图 3-12 选择模型内容

4. 如图 3-13 所示,新建一个指向目标数据库的链接,在最下方的文本框中输入要保存在 Web.config 文件中的 Entity Framework 连接字符串的名称并单击"下一步"。

图 3-13 选择或创建数据连接

5. 如图 3-14 所示，设置数据库中要包含哪些数据表、视图或存储过程，以及是否要将其加入 Entity Framework 实体数据模型中，最后单击"完成"按钮。

图 3-14 选择要加入模型中的数据库对象

完成上述操作后，Visual Studio 2010 就会自动创建好 Entity Framework 基础数据模型，这个数据模型可以被应用到整个项目中，如图 3-15 所示。

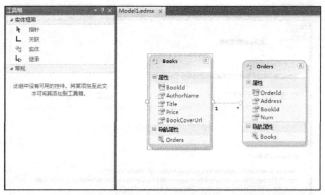

图 3-15　创建好的 Entity Framework 数据模型

3.3.2　基于 Entity Framework 数据模型的数据查询

为了方便学习 Entity Framework 数据模型的使用，我们先创建一个控制台应用程序项目，然后按照前面介绍过的步骤在项目中对第 2 章表 2-2 和表 2-3 建立的数据库创建好基于 Entity Framework 的数据模型。

Entity Framework 数据模型的查询通常可以使用 LINQ 语法实现，LINQ 语法（即 LINQ to Entities）使开发人员能够通过使用 LINQ 表达式和 LINQ 标准查询运算符，直接从开发环境中针对实体框架对象上下文创建灵活的强类型查询。具体查询步骤如下。

首先，在使用 Entity Framework 数据模型前，一定要创建 Entity Framework 数据模型上下文对象的实例，如果是按照默认步骤创建 Entity Framework 数据模型的话，其上下文对象的名称会以 Entities 结尾，创建其实例的具体代码如下：

```
using System;
using System.Collections.Generic;
using System.Linq;
using System.Text;
namespace ConsoleApplication1
{
    class Program
    {
        static void Main(string[] args){
            //实例化查询上下文
            using (BookStoreEntities db = new BookStoreEntities()){
            //此处放置查询代码
            }
        }
    }
}
```

接下来，我们来看看如何实现投影查询、条件查询、排序和分页查询、聚合查询和连接查询。

1. 投影查询，如查询全部的书籍，代码如下：

```
//基于表达式的查询
var Books = from b in db.Books
            select b;
//输出查询结果数量
Console.WriteLine(Books.Count());
```
投影查询除了可以用上述基于表达式的方式实现之外，还可以用一种更简洁的函数式方式实现，代码如下：
```
//基于表达式的查询
var Books = db.Books;
//输出查询结果数量
Console.WriteLine(Books.Count());
```
从上述代码不难看出，LINQ 语法可以让我们在.NET 项目中使用一种类似于 SQL 的语法实现数据查询。

2. 条件查询，比如查询书名为"ASP.NET MVC 程序开发"的书籍的编号，具体代码如下：
```
//基于表达式的查询
var Books1 = from b in db.Books
             where b.Title == "ASP.NET MVC 程序开发"
             select b;
//输出查询结果的编号
foreach(var book in Books1)
Console.WriteLine(book.BookId);
//同样的查询用函数式方式实现
var Books2 = db.Books.Where(b => b.Title == "ASP.NET MVC 程序开发");
//输出查询结果的编号
foreach (var book in Books2)
    Console.WriteLine(book.BookId);
```
在上述查询中，在函数式方式实现的代码中用到了 Lambda 表达式描述查询条件。

3. 排序和分页查询，比如查询全部订单，并按数量排序并分页。
```
//按数量排序并分页输出订单编号
var Order1 = (from o in db.Orders
              orderby o.Num
              select o).Skip(0).Take(10);
//输出查询结果的编号
foreach (var order in Order1)
Console.WriteLine(order.OrderId);
//以函数式方式实现查询
var Order2 = db.Orders.OrderBy(o => o.Num).Skip(0).Take(10);
//输出查询结果的编号
foreach (var order in Order2)
Console.WriteLine(order.OrderId);
```

在上述代码中分页主要依靠 Skip() 和 Take() 两个方法来实现，Skip() 方法设置忽略查询结构前多少项，Take() 方法设置获取多少个连续的查询结果。值得注意的是，只有对查询结果进行排序了之后才能分页。

4. 聚合查询，比如查询书籍总数和最高书籍价格等，具体代码如下：

```
//书籍总数
var num = db.Books.Count();
Console.WriteLine(num);
//最大书籍价格
var price = db.Books.Min(b => b.Price);
Console.WriteLine(price);
```

聚合查询只能通过函数式代码实现。

5. 连接查询，比如查询所有定购了"ASP.NET MVC 程序开发"这本书的订单编号，具体代码如下：

```
//所有定购了"ASP.NET MVC 程序开发"这本书的订单编号
var Order3 = from o in db.Orders
             join b in db.Books
             on o.BookId equals b.BookId
             select o;
foreach (var order in Order3)
Console.WriteLine(order.OrderId);
```

在上述代码中，join 关键字用于连接两个数据表，on 和 equals 关键字用于指定两个表是通过哪个字段连接在一起的。

3.3.3 基于 Entity Framework 数据模型的数据更新

在 Entity Framework 中数据的更新是通过调用实体对象的 SaveChanges() 方法来实现的。调用 SaveChanges() 方法后，Entity Framework 框架会检查被上下文环境管理的实体对象的属性是否被修改过，然后，自动创建对应的 SQL 命令发给数据库执行。也就是说在 Entity Framework 数据模型中，数据更新需要通过找到被更新对象、更新对象数据和保存更改这三步来完成。

例如，基于上一节的例子，如果需要修改一本现有书籍的价格和名称，可以按照如下步骤来实现。

1. 在使用 Entity Framework 数据模型做任何操作之前，首先都要确保正确地创建了 Entity Framework 数据模型上下文对象的实例，代码如下：

```
//实例化查询上下文
using (BookStoreEntities db = new BookStoreEntities()){
    //此处放置数据更新部分代码
}
```

2. 找到需要修改价格和名称的数据实体对象，代码如下：

var book = db.Books.FirstOrDefault(b => b.Title == "JavaScript 语言与 Ajax 应用");

上述代码使用了 FirstOrDefault() 方法，该方法在没有查到符合条件的结果时返回空值，在查到符合条件的结果时返回第一条结果对应的实体对象。

3. 更新实体对象并将修改保存到数据库，代码如下：

```
//如果查询到了实体对象
if (book != null) {
//更新属性值
book.Title = "ASP.NET MVC 程序开发";
book.Price = 30;
//保存更改
db.SaveChanges();
}
```
只有在调用 SvaeChanges()方法后，更新后的数据才能被写入数据库。

3.3.4 基于 Entity Framework 数据模型的数据添加与删除

利用 Entity Framework 数据模型实现数据的添加和删除非常方便。数据添加通过两个步骤完成，首先创建新的数据实体（一个数据实体即表示数据库表中的一行），然后调用 AddToXXX 这一类方法将数据实体添加到具体的数据库表对象并调用 SaveChanges()方法保存到数据库即可。数据删除也是通过两个步骤完成，首先找到需要删除的数据实体，然后调用 DeleteObject()方法删除数据实体并调用 SaveChanges()方法保存到数据库即可。比如，创建一个新的数据条目，再删除这个数据条目的具体实现代码如下：

```
using (BookStoreEntities db = new BookStoreEntities()){
//创建新的数据实体
var newBook = new Books() { AuthorName = "董宁",
                            Title = "ASP.NET MVC 程序开发",
                            Price = 20 };
//添加到数据库
db.AddToBooks(newBook);
//保存到数据库
db.SaveChanges();

//找到需要删除的实体
var delBook = db.Books.FirstOrDefault(b => b.AuthorName == "董宁");
if (delBook != null){
        //删除实体
        db.DeleteObject(delBook);
        //保存到数据库
        db.SaveChanges();
    }
}
```

一般情况下，任何类型的项目只要涉及数据库的更新、添加和修改操作，肯定会碰到完整性问题。比如在上述例子中，当用户完成订购书籍行为时会涉及多次不同的数据库操作，如何保证这些操作要么全部成功完成，要么不对数据库产生任何影响呢？在这种情况下就要用到事务，在 Entity Framework 数据模型中使用事务和在 ADO.NET 中使用事务非常类似，下面这个代码例子将会利用事务保证用户完成订购书籍行为的完整性，该行为涉及三个数据库操作，查询书籍、创建订单和修改送货地址，具体代码如下：

```
using (BookStoreEntities db = new BookStoreEntities()){
    //声明事务对象
    System.Data.Common.DbTransaction tran = null;
    //手动打开链接并创建事务
    db.Connection.Open();
    tran = db.Connection.BeginTransaction();
    try{
        //找到要买的书籍
        var book = db.Books.FirstOrDefault(b => b.Title == "ASP.NET MVC 程序开发");
        //确保书籍已找到
        if (book != null) {
            //创建订单
            var order = new Orders() { Num = 1, Books = book, Address = "" };
                    db.AddToOrders(order);
                    //添加订单并保存到数据库
                    db.SaveChanges();
                    //添加送货地址
                    order.Address = "中国湖北武汉";
                    //修改地址并保存到数据库
                    db.SaveChanges();
        }
        //提交事务
            tran.Commit();
    } catch{
        //如果出现任何异常事务回滚
        tran.Rollback();
    }finally{
        //关闭链接
        if (db != null && db.Connection.State != System.Data.ConnectionState.Closed)
          db.Connection.Close();
        }
    }
```

3.4 库模式数据模型

库模式（Repository Pattern）是专门用于数据访问的一种代码设计模式（Pattern），其设计思路是：首先定义接口（Interface），通过定义接口确定数据访问类的功能需求，接着实现该接口。在库模式下接口与类的分离有助于项目的单元测试和测试驱动开发（TDD，Test Driven Development）。

让我们试着在上一节创建好的基于 Entity Framework 的数据模型的基础上，用库模式实现数据库访问。首先确定数据库访问的功能需求，假设上述项目在数据访问上有如下几条需求：浏览全部书籍，通过编号获取书籍，添加新书籍，通过作者查询书籍，删除书籍。然后根据需求编写数据访问接口，这里的数据访问只涉及 Books 数据表，所以我们可以将接口命名为 IBooksRepository，具体接口定义代码如下：

```csharp
public interface IBooksRepository{
    //浏览全部书籍
    IQueryable<Books> FindAllBooks();
    //通过编号获取书籍
    Books GetBookById(int id);
    //添加新书籍
    void Add(Books book);
    //通过作者查询书籍
    IQueryable<Books> FindBooksByAuthor(string name);
    //删除书籍
    bool Delete(int id);
}
```

创建完接口后，可以利用 Visual Studio 开发环境快速创建该接口的实现类，可以把这个类命名为 BooksRepository，完整代码如下：

```csharp
public class BooksRepository:IBooksRepository{
    protected BookStoreEntities db = new BookStoreEntities();
    //浏览全部书籍
    IQueryable<Books> IBooksRepository.FindAllBooks(){
        return db.Books;
    }
    //通过编号获取书籍
    Books IBooksRepository.GetBookById(int id){
        return db.Books.Where(b => b.BookId == id).FirstOrDefault();
    }
    //添加新书籍
    void IBooksRepository.Add(Books book){
        db.AddToBooks(book);
        db.SaveChanges();
    }
    //通过作者查询书籍
    IQueryable<Books> IBooksRepository.FindBooksByAuthor(string name){
        return db.Books.Where(b => b.AuthorName == name);
    }
    //删除书籍
    bool IBooksRepository.Delete(int id){
```

```
        Books book = db.Books.Where(b => b.BookId == id).FirstOrDefault();
        if (book != null){
            db.Books.DeleteObject(book);
            db.SaveChanges();
            return true;
        } else
            return false;
    }
}
```

BooksRepository 类通过使用数据模型访问数据库，实现了 IBooksRepository 接口所定义的全部数据操作需求。在项目中的任何地方，如果需要操作数据都可以使用通过 IBooksRepository 接口对象引用 BooksRepository 类的实例来操作的方式来实现。比如需要根据编号查询书籍的话，可以通过下面的代码来实现：

```
//库模式根据编号查询书籍
IBooksRepository br = new BooksRepository();
Books bk = br.GetBookById(1);
Console.WriteLine(bk.Title);
```

本章小结

本章主要介绍了 ASP.NET MVC 项目开发中数据模型的创建和使用。首先介绍了数据模型在 ASP.NET MVC 项目中的作用，然后分别介绍了基于 LINQ to SQL 的数据模型的创建和基于 Entity Framework 的数据模型的创建，最后重点讲解了 Entity Framework 数据模型的使用。除了数据模型，本章最后介绍了如何按照库模式编写数据模型部分的代码，在库模式下接口与类的分离有助于项目的单元测试和测试驱动开发。

习题

3-1　什么是 LINQ to SQL？

3-2　在哪些情况下需要自定义数据模型？

3-3　创建基于 Entity Framework 的数据模型，并完成数据查询。

综合案例

概述

本章将在上一章综合案例的基础上为 ASP.NET MVC 网上书店添加页面模板，并且建立所需的数据库创建基于 Entity Framework 的数据模型。

主要任务
- 添加 ASP.NET MVC 网上书店页面模板
- 根据描述建立数据库
- 创建基于 Entity Framework 的数据模型

实施步骤

1. 添加页面模板

运行当前的项目，输入"/Home"地址，浏览器中会返回一段字符串，但是我们的目的是要返回 ASP.NET MVC 网上书店的首页页面，所以需要首先修改 HomeController 控制器中的 Index 动作的代码，修改如下：

```
public class HomeController : Controller
{
    public ActionResult Index()
    {
        return View();
    }
}
```

这时，再运行项目，输入"/Home"地址，此时会提示找不到母版页 _Layout.cshtml 的错误。接下来，我们需要将为 ASP.NET MVC 网上书店设计好的母版页添加到项目中，步骤如下。

（1）将本书附带资源中"网页模板"文件夹中的"_Layout.cshtml"文件添加到项目的"Views\Shared\"文件夹中，如图 3-16 所示。

图 3-16　添加页面模板

（2）将本书附带资源中"网页模板"文件夹中的"Site.css"文件和"2mages"与"themes"两个文件夹添加到项目的"Content"文件夹中，如图 3-17 所示。

图 3-17　添加页面样式表文件

接下来，删除项目自动生成的"Views\Home\"文件夹中的"Index.cshtml"文件，并根据第 2 章中的步骤为 HomeController 控制器中的 Index 动作创建一个新的视图，新的视图创建设置如图 3-18 所示。

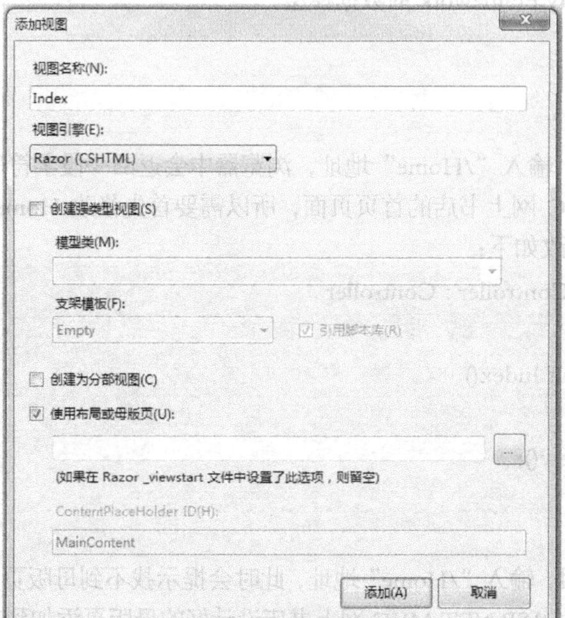

图 3-18 创建新视图

视图创建完成后，按如下方式修改视图代码：

```
@{
    ViewBag.Title = "ASP.NET MVC 网上书店";
}
<h2>首页</h2>
```

最后运行项目，并转到"/Home"地址，将可以看到 ASP.NET 网上书店首页的雏形，如图 3-19 所示。

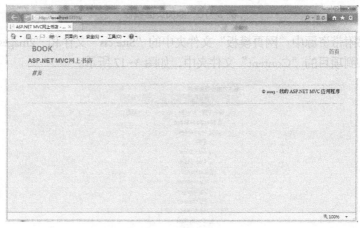

图 3-19 网站首页雏形

2. 建立数据库

本项目数据库表设计如表 3-1 至表 3-5 所示，我们需要做的就是根据数据库表建立数据库。

表 3-1　Books 表字段设计及说明

字段名	数据类型	字段说明
BookId	int	书籍 ID；主键；该字段为标识，增量为 1
CategoryId	int	类别 ID，不能为空，外键对应表 Categories
Title	nvarchar(200)	书名，不能为空
Price	decimal(18, 2)	价格，不能为空
BookCoverUrl	nvarchar(1024)	封面图片 URL，可以为空
Authors	nvarchar(50)	作者名，不能为空

表 3-2　Carts 表字段设计及说明

字段名	数据类型	字段说明
RecordId	int	购物车条目 ID；主键；该字段为标识，增量为 1
CartId	nvarchar(MAX)	购物车 ID，不能为空
BookId	int	书籍 ID，不能为空，外键对应表 Books
Count	int	数量，不能为空
DateCreated	datetime	创建日期，不能为空

表 3-3　Categories 表字段设计及说明

字段名	数据类型	字段说明
CategoryId	int	类别 ID；主键；该字段为标识，增量为 1
Name	nvarchar(50)	类别名称，不能为空
Description	nvarchar(MAX)	类别描述，可以为空

表 3-4　OrderDetails 表字段设计及说明

字段名	数据类型	字段说明
OrderDetailId	int	订单条目 ID；主键；该字段为标识，增量为 1
OrderId	int	订单 ID，不能为空，外键对应表 Orders
BookId	int	书籍 ID，不能为空，外键对应表 Books
Quantity	int	数量，不能为空
UnitPrice	decimal(18, 2)	条目价格，不能为空

表 3-5　Orders 表字段设计及说明

字段名	数据类型	字段说明
OrderId	int	订单 ID；主键；该字段为标识，增量为 1
OrderDate	datetime	订单日期，不能为空
Username	nvarchar(MAX)	用户全名，不能为空
FirstName	nvarchar(160)	用户名，不能为空
LastName	nvarchar(160)	用户姓，不能为空
Address	nvarchar(70)	地址，不能为空
City	nvarchar(40)	城市，不能为空
State	nvarchar(40)	省份，不能为空
PostalCode	nvarchar(10)	邮编，不能为空
Country	nvarchar(40)	国家，不能为空
Phone	nvarchar(24)	联系电话，不能为空
Email	nvarchar(MAX)	邮件地址，不能为空
Total	decimal(18, 2)	总价，不能为空

这里将数据库命名为"MvcBookStore"，数据库创建好后，查看数据库关系图，如图 3-20 所示。

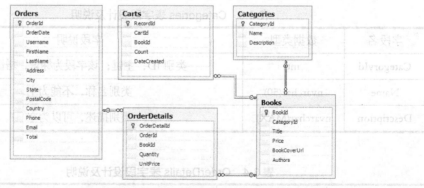

图 3-20　数据库关系图

3. 创建数据模型

利用本章讲到的方法，从"MvcBookStore"数据库生成基于 Entity Framework 的数据模型，并将数据模型上下文实体的名称定义为"MvcBookStoreEntities"。数据模型创建好后，双击打开"MvcBookStoreModel.edmx"，可以看到数据模型结构图，如图 3-21 所示。

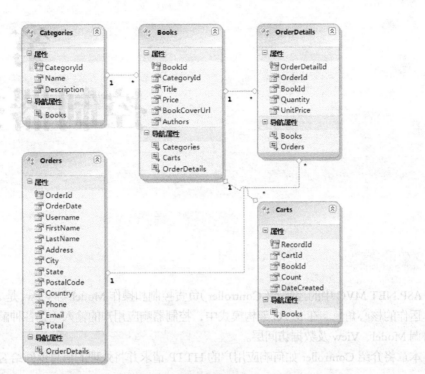

图 3-21 数据模型结构图

第 4 章 控制器技术

本章导读

ASP.NET MVC 中的控制器（Controller）负责控制和操作 Model 与 View，是 ASP.NET MVC 整体运作的核心角色。在 MVC 架构模式中，控制器响应用户的输入（如各种鼠标单击动作），并协调 Model、View 及数据访问层。

本章将介绍 Controller 如何响应用户的 HTTP 请求并将处理的信息返回给客户端。

本章要点

- Controller 的创建
- 动作名称选择器
- 动作方法选择器
- 过滤器属性
- 动作执行结果

4.1 控制器概述

ASP.NET MVC 的核心就是 Controller（控制器），它负责处理客户端（常常是浏览器）发送来的所有请求，并决定将什么内容响应给客户端。通过这种方式，Controller 负责响应用户的输入，并且在响应时修改 Model，把数据输出到相关的 View。MVC 架构中的 Controller 主要关注应用程序流入、输入数据的处理，以及提供向 View 输出的数据。

控制器（Controller）本身是一个派生于 Controller 的类，这个类包含有多个方法，这些方法中声明为 public 的即被当作动作（Action），可以通过这些 Action 接收页面请求并决定应用的视图（View）。

为使用本章案例，需要先创建 EBuyMusic 数据库，并根据实际情况修改项目中配置文件的数据库连接字符串，创建脚本请参见本书电子资源。

4.1.1 Controller 的创建与结构

按照第 2 章所讲解的方法创建 ASP.NET MVC 架构的在线音乐商店网站 EBuy，添加对

EBuyMusic 数据的"ADO.NET 实体数据模型"到系统中,设置其名称为 MusicStoreEntities,然后按图 4-1 所示添加 StoreController。

添加控制器的对话框首先会要求输入控制器的名称(如本例中的 StoreController),然后选择使用哪种模板,依次选择不同的选项就可以控制 ASP.NET MVC 生成新的控制器类。

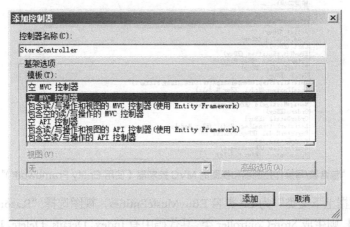

图 4-1 添加控制器

添加控制器的对话框提供了几种不同的控制器模板,可以帮助开发人员提高开发速度。

1. 空 MVC 控制器

默认的模板(空 MVC 控制器)最简单,没有提供任何定制化的选项,不包含任何选项,仅仅是创建一个带有名字和一个 Index 操作的控制器。

以下代码即为使用"空 MVC 控制器"模板创建的名为 EmptyTemplateController 的控制器类,其中只包含一个 Index 操作,同时并没有新的 View 被创建。

```
using System.Web.Mvc;
namespace EBuy.Controllers
{
    public class EmptyTemplateController : Controller
    {
        public ActionResult Index()
        {
            return View();
        }
    }
}
```

2. 包含读/写操作控制器和视图的 MVC 控制器(使用 Entity Framework)

"包含读/写操作控制器和视图的 MVC 控制器(使用 Entity Framework)"模板名副其实,此模板可以帮助开发人员生成访问 EF 对象的代码,并为这些对象生成了 Create、Edit、Details 和 Delete 视图。

在选择使用本模板后,模型类下拉列表中将列出项目当前所识别的 Model 类,如果添加的 Model 类此时未列出,则先编译项目后再使用本功能则可更新模型类列表。本例选择 Genre(流派)模型类创建 StoreController。如图 4-2 所示。

图 4-2 使用"包含读/写操作控制器和视图的 MVC 控制器（使用 Entity Framework）"模板的控制器

再选择"数据上下文类"为 EF 类名 EBuyMusicEntities，视图选择"Razor（CSHTML）"，单击"添加"按钮，则生成 StoreController 类，其代码中有 Index、Details、Delete、DeleteConfirmed、Dispose 各一个，名为 Create 和 Edit 的 Action 分别有两个，其中各有一个活动使用属性"HttpPost"修饰，而另一个 Action 没有属性修饰。需要注意的是，Create 和 Edit 需要两个请求来完成对应操作，第一个是没有使用 HttpPost 属性修饰的 Create 和 Edit 两个 Action 用于生成用户视图，第二个实际执行相应操作的 Action（创建、编辑），如 Create 则根据请求的数据创建新的对象，而 Edit 则根据请求的数据完成实际编辑操作；对应的 Delete 则首先开始进行删除操作，而 DeleteConfirmed 活动则完成实际的删除操作。这种情况在 Web 程序中非常普遍，本书也将常使用。

本控制器的所有 Action 都已生成对应的操作代码，展开 Views 文件夹，可以看到已创建的名为"Sotre"（与控制器同名）的文件夹，其中包括对应于 Create、Edit、Index、Details 和 Delete 等 5 个同名的 View，这些代码基本可以直接使用，非常方便。

运行项目，在地址栏中输入对应 StoreController 的地址 http://localhost:4323/store，回车可见到如图 4-3 所示，其中已提供对应的 Create、Edit、Delete、Details 等 4 个 Action，单击对应的超链接即可进入对应的界面开始对应功能处理。

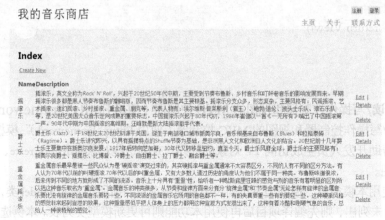

图 4-3 StoreController 的 Index 返回 View

3．包含空的读/写操作的 MVC 控制器

使用"包含空的读/写操作的 MVC 控制器"创建 Controller 时，基本规律与"包含读/写操作控制器和视图的 MVC 控制器（使用 Entity Frameword）"一致，但各个 Action 中的实际功能代码没有自动创建，同时，没有名为 DeleteConfirmed 的 Action，改为创建了使用 HttpPost 修饰的第二个 Delete 的同名 Action。

4．其他控制器

此外，还有"空 API 控制器"、"包含读/写操作控制器和视图的 API 控制器（使用 Entity Frameword）"和"包含空的读/写操作的 API 控制器"三种控制器，这些控制器并不主要用于向 View 返回数据，派生自 ApiController 的相应内容请参见其他资料。

除了使用模板的方法创建 Controller，还可以直接手工创建需要的 Controller，但一般通过模板创建。

在创建 Controller 时，需要注意应用"惯例优先原则"，对于 Controller 而言，需要注意的惯例包括：

（1）Controller 必须放在 Controllers 文件夹内；
（2）Controller 的类名必须以"Controller"字符串为结尾。

4.1.2　Controller 的执行过程

当 Controller 被 MvcHandler 选中之后，下一步就是通过 ActionInvoker 选取适当的 Action 来执行。在 Controller 中，Action 可以声明参数也可以不声明参数；ActionInvoker 根据当前的 RouteValue 及客户端传来的信息准备好可输入到 Action 参数的数据，并正式调用被选中的 Action 对应的方法。

Action 执行完成后，返回值通常是 ActionResult 类，此类是抽象类，具体实际返回对象是 ActionResult 的派生类。ASP.NET MVC 常用的派生类包括 ViewResult 返回一个 View，RedirectResult 控制页面跳转到另一地址，ContentResult 用于返回文本内容，FileResult 用于返回一个文件。Controller 在得到 ActionResult 后，执行 ActionResult 的 ExecuteResult 方法，并将执行结果返回给客户端，以完成 Controller 需要完成的任务。

Controller 在执行时，还有动作过滤器（Action Filter）机制。过滤器主要分为授权过滤器（Authorization Filter）、动作过滤器（Action Filter）、结果过滤器（Result Filter）和异常过滤器（Exception Filter）。

当 ActionInvoker 找不到对应的 Action 可用时，会默认执行 System.Web.Mvc.Controller 类的 HandlerUnkownAction 方法，在此类中，HandlerUnkownAction 方法会默认响应"HTTP 404 无法找到资源"的错误信息。

由于 HandlerUnkownAction 方法在 Controller 类中被声明为 virtual 方法，所以可以在自己创建的各种 Controller 中覆盖为自己需要的实际处理流程。

4.2　动作名称选择器

当 ActionInvoker 选取 Controller 中的 Action 时，会默认应用反射机制找到相同名字的方法，这个过程就是动作名称选择器（Action Name Selector）运作的过程，这个选择查找过程对 Action 的名称字符大小写不进行区分，以下代码的 Index 活动，在客户端发来请求的 URL 中，"Index"字符的大小写结果都一样，动作名称选择器将直接调用 Index 方法。

```
using System.Web.Mvc;
namespace EBuy.Controllers
{
    public class EmptyTemplateController : Controller
    {
        public ActionResult Index()
        {
            return View();
        }
    }
}
```

有时，可能需要修改已完成方法的 Action 名称，但并不想修改已完成的方法，则可对 Action 对应方法使用 ActionName 属性进行修饰，在上例代码中，修改代码如下：

```
using System.Web.Mvc;
namespace EBuy.Controllers
{
    public class EmptyTemplateController : Controller
    {
        [ActionName("OtherName")]
        public ActionResult Index()
        {
            return View();
        }
    }
}
```

修改后原有名为 Index 的 Action 则实际上并不存在，改为实际存在一个名称"OtherName"的 Action，并且在调用此 Action 时，ASP.NET MVC 将查找"Views/EmptyTemplate/OtherName.cshtml"，原来名为 Index 的 View 不再起作用。

需要注意的是，通过此方法修改 Action 名称可能导致多个方法对应同一个 Action 名称，此错误不会在编译时被发现，仅在运行时请求对应 Action 才引发异常，如下例所示代码将引发"对控制器类型'EmptyTemplateController'的操作'OtherName'的当前请求在下列操作方法之间不明确"的异常。

```
using System.Web.Mvc;
namespace EBuy.Controllers
{
    public class EmptyTemplateController : Controller
    {
        [ActionName("OtherName")]
        public ActionResult Index()
        {
```

```
            return View();
        }
        [ActionName("OtherName")]
        public ActionResult OtherAction()
        {
            return View();
        }
    }
}
```

4.3 动作方法选择器

ActionInvoker 在选取 Controller 中的公开方法时，ASP.NET MVC 还提供一个名为"动作方法选择器"（Action Method Selector）的特性，动作方法选择器应用在 Controller 中的方法上，以帮助 ActionInvoker 选择适当的 Action。

4.3.1 NonAction 属性

如果将 NonAction 属性应用在 Controller 中的 Action 对应方法上，则此方法将不再作为 Action 而被 ActionInvoker 选择执行，客户端请求此名称的 Action 则将返回一个 404 的错误信息。以下案例中，原有名为 Index 的 Action 将不再存在。

```
using System.Web.Mvc;
namespace EBuy.Controllers
{
    public class EmptyTemplateController : Controller
    {
        [NonAction]
        public ActionResult Index()
        {
            return View();
        }
    }
}
```

NonAction 属性主要用来保护 Controller 中的特定 public 的方法不会被发布到 Web 上成为 Action，或者是当对应的 Action 功能未开发完成时，暂时既不想公开又不想删除此方法。

将方法的"public"访问修饰符改为"private"，封闭方法也可以达到 NonAction 属性同样的作用。

4.3.2 HttpGet 属性、HttpPost 属性、HttpDelete 属性和 HttpPut 属性

HttpGet、HttpPost、HttpDelete、HttpPut 属性是动作方法选择器的一部分，如果在 Action 上应用 HttpPost 属性，则此 Action 只会在收到 HTTP Post 请求时，才可以选择此 Action；否则，

客户端发送来的任何 HTTP 请求，对应 Action 都将会被选择并执行。

这些属性通常会用于需要接收客户端窗口数据的时候，对于同名的 Action，创建一个用于接收 HTTP Get 请求的 Action 用于显示窗口给用户提供填写数据的界面，另一个同名 Action 则应用[HttpPost]属性，用于接收用户发送来的数据，完成对应的功能实现。这种方法常用于 Create、Edit 等功能，如下例所示。

```
using System.Web.Mvc;
namespace EBuy.Controllers
{
    public class EmptyTemplateController : Controller
    {
        public ActionResult Index()
        {
            return View();
        }

        public ActionResult CreateResult()
        {
            return View();
        }

        public ActionResult Create()
        {
            return View();
        }

        [HttpPost]
        public ActionResult Create(FormCollection fc)
        {
            //处理创建对象的实际业务过程
            return RedirectToAction("CreateResult");
        }
    }
}
```

当浏览器中输入"EmptyTemplate/Create"地址时，将显示图 4-4 所示的数据填写页面，在此页面中，有一个 Form 用于填写用户需要输入的数据，Form 中有一个提交按钮（图中"创建"按钮）。在单击图中"创建"按钮后，页面中用户数据将提交回同名的"EmptyTemplate/Create"，而此时，由于 Form 是自动使用 Post 方法回发数据到服务器，ActionInvoker 将自动选择使用了[HttpPost]修饰的 Create 活动，Action 处理完成后，将跳转到 CreateResult 活动，返回名为"CreateResult"的 View，结果如图 4-5 所示。这个方法也同样应用到 4.1.1 小节中创建"包含读/写操作控制器和视图的 MVC 控制器（使用 Entity Framework）"的 Controller 模板中，其名为 Create、Edit 的 Action 分别有两个，其中一个应用了[HttpPost]属性。

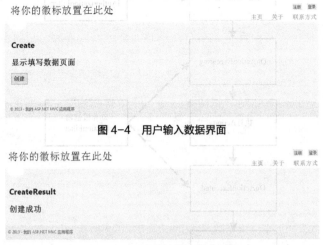

图 4-4　用户输入数据界面

图 4-5　用户数据处理完成界面

4.4　过滤器属性

有些 Action 在执行之前或之后需要处理一些特别的逻辑运算，并处理运行中产生的各种异常，为此，ASP.NET MVC 提供了一套动作过滤器机制。ASP.NET MVC 主的过滤器机制如表 4-1 所示。

表 4-1　动作过滤器

类型	作用	实现接口	类名
授权过滤器 (Autorization Filter)	在执行 Filter 或 Action 之前被执行，用于进行授权	IAuthorizationFilter	AuthorizationAttribute
动作过滤器 (Action Filter)	在执行 Action 之前或之后执行，用于执行的 Action 需要生成记录或者缓存数据	IActionFilter	ActionFilterAttribute
结果过滤器 (Result Filter)	在执行 ActionResult 的前后被执行，在 View 被返回之前可以执行一些逻辑运算，或修改 ViewResult 的输出结果	IResultFilter	ActionFilterAttribute
异常过滤器 (Exception Filter)	在 Action 执行之前或之后，或者 Result 执行之前或之后被执行，在运行中发生异常时，可用来指向其他页面以显示错误信息	IExecptionFilter	IExceptionFilter

各类动作过滤器的执行时机及其先后顺序如图 4-6 所示。

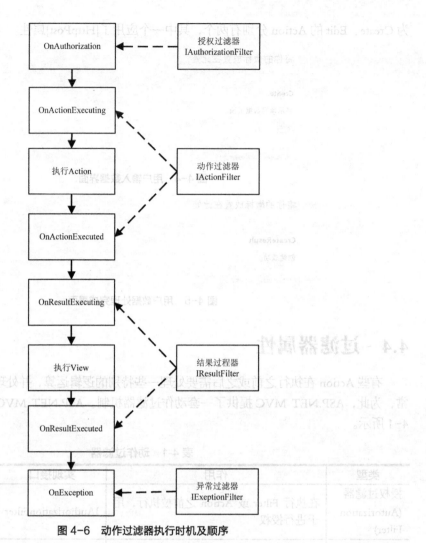

图 4-6 动作过滤器执行时机及顺序

动作过滤器通过使用属性修饰 Action 或 Controller 的方式应用在 Action 上，以下代码使得名为 Create 的 Action 只有角色为 Admin 的已登录用户能使用。

```
[HttpPost]
[Authorize(Roles="Admin")]
public ActionResult Create(Genre genre)
{
    if (ModelState.IsValid)
    {
        db.Genre.AddObject(genre);
        db.SaveChanges();
        return RedirectToAction("Index");
    }
    return View(genre);
}
```

4.4.1 授权过滤器

授权过滤器是 Action 执行之前最早应用的过滤器，用于在正式执行 Action 之前做一些判断用户权限、验证输入是否包含 XSS 攻击字符串、检查 SSL 安全登录等工作，所有授权过滤器都必须实现 IAuthorizationFilter 接口。

1．Authorize 属性

Authorize 属性可与 ASP.NET 框架的 Membership Framework 或 Forms Authentication 机制配合使用。

当 Action 被 Authorize 属性修饰时，与 ASP.NET Web Forms 的用户权限验证一样，程序将自动对当前用户身份进行验证，如果用户（如未登录或登录后没有相应权限的用户）不符合权限要求，则系统将自动跳转到登录页面。

登录页面使用哪个 Action 可以直接在 Web.config 文件中的 system.web 节中通过 authentication 节设定，其中<forms>配置项的 loginUrl 属性的值即为指定的登录 Controller 和 Action，代码如下所示，则登录所用 Controller 为 AccountController，所用 Action 为 LogOn。

```
<authentication mode="Forms">
    <forms loginUrl="~/Account/LogOn" timeout="2880" />
</authentication>
```

以下示例要求 Create 活动只能被用户 Liwei 和 Dongzhuo 访问，其他用户都无权访问。

```
[HttpPost]
[Authorize(Users = "Liwei,dongzhuo")]
public ActionResult Create(FormCollection fc)
{
//处理创建对象的实际业务过程
return RedirectToAction("CreateResult");
}
```

对于限定只能某些角色中的用户才能访问的 Action，实现代码如前一个 Admin 角色示例所示。如果只需要登录用户就能访问的 Action，可以只使用 Authorize 属性而不指定用户名或角色名，代码如下所示。

```
[Authorize]
public ActionResult Index()
{
return View();
}
```

此外，Authorize 属性还可以直接应用到 Controller 上，那么此 Controller 中的所有 Action 都将应用相同的权限控制规则，但对于需要特殊要求的 Action 可以在此 Action 前使用特定的 Authorize 属性，如下例所示，EmptyTemplateController 中所有的 Action 默认都只有 Admin 角色中的用户才能访问，但由于 Index 活动前使用了 AllowAnonymous 属性修饰，则 Index 活动所有的用户都能访问（包括匿名用户）。

```
[Authorize(Roles = "Admin")]
public class EmptyTemplateController : Controller
{
```

```
[AllowAnonymous]
public ActionResult Index()
{
    return View();
}

public ActionResult Create()
{
    return View();
}
```

2. ChildActionOnly 属性

ASP.NET MVC 中的 View 提供 Html.RenderAction 方法，通过此方法可以在 View 中发出子请求，并再次执行 ASP.NET MVC 的流程，执行完毕后将 HTML 返回到原 View 中。

因此，如果某个 Action 希望只能在 RenderAction 中被执行而不被其他独立的 GET 或 POST 请求所调用，则需要应用 ChildActionOnly 属性。

```
[ChildActionOnly]
public ActionResult   SubActionDemo()
{
return   Content("<h5>子请求产生的内容</h5>");
}
```

3．RequireHttps 属性

如果为了保证信息的安全性，需要把 Action 限制在 Https 安全应用环境中，那么可以在 Action 前应用 RequireHttps 属性，则当请求此 Action 的连接为 HTTP 类型时，将自动跳转到此 Action 的 Https 地址中，如下例所示，在浏览器中输入访问 NeedHttps 的请求地址 http://localhost:4323/EmptyTemplate/needhttps，则地址栏中的实际地址将自动跳转到 https://localhost/EmptyTemplate/needhttps。

```
public class EmptyTemplateController : Controller
{
    [RequireHttps]
    public ActionResult NeedHttps()
    {
        return View();
    }
}
```

需要注意的是，当 POST 请求被用来请求应用了 RequireHttps 属性修饰的 Action 时，系统将引发 "System.InvalidOperationException: 只能通过 SSL 访问请求的资源。" 异常。

4．ValidationInput 属性

ASP.NET MVC 默认会对输入的数据进行验证，如果包含潜在恶意代码，那么请求会被拒绝，其中可能被拒绝的输入数据包括包含 HTML 标签内容。

如果需要让输入的数据包含 HTML 标签内容，那么需要在 Action 前使用 ValidationInput 属性，代码如下所示。

```
[HttpPost]
[ValidateInput(false)]
public ActionResult Create(FormCollection fc)
{
//处理创建对象的实际业务过程
return RedirectToAction("CreateResult");
}
```

则能让对应提交请求的页面中输入数据标签包含如"重要内容"这样的 HTML 标签内容，否则页面将直接拒绝对应的请求。

5. ValidateAntiForgeryToken 属性

在 WEB 应用中有时需要确保提交的请求来自同一网站而不是其他站，为预防跨站请求伪造，则需要在 Action 前使用 ValidateAntiForgeryToken 属性，用法如下所示。

```
[HttpPost]
[ValidateAntiForgeryToken]
public ActionResult Create(Artist artist)
{
if (ModelState.IsValid)
{
    db.Artist.AddObject(artist);
    db.SaveChanges();
    return RedirectToAction("Index");
}
return View(artist);
}
```

此时运行程序，在用户向此 Action 提交数据时，将引发"所需的防伪表单字段'_RequestVerificationToken'不存在。"的异常，解决方法则是在提交请求的页面对应的 Form 中添加配套代码@Html.AntiForgeryToken()，形成如下的页面代码。

```
@model EBuy.Artist
@{
    ViewBag.Title = "Create";
}
<h2>
    Create</h2>
@using (Html.BeginForm())
{
    @Html.ValidationSummary(true)
    <fieldset>
        <legend>Artist</legend>
```

```
            <div class="editor-label">
                @Html.LabelFor(model => model.Name)
            </div>
            <div class="editor-field">
                @Html.EditorFor(model => model.Name)
                @Html.ValidationMessageFor(model => model.Name)
            </div>
            <p>
                <input type="submit" value="Create" />
            </p>
    </fieldset>
    @Html.AntiForgeryToken()
}
<div>
    @Html.ActionLink("Back to List", "Index")
</div>
@section Scripts {
    @Scripts.Render("~/bundles/jqueryval")
}
```

4.4.2 动作过滤器

如图 4-6 所示,动作过滤器属性提供了 Action 发生前后的两个事件,用于在 Action 前后分别执行对应操作,这两个事件分别是 OnActionExecuting 和 OnActionExecuted。

常用动作过滤器为 AsyncTimeout 属性、NoAsyncTimeout 属性,这些属性都用于异步 Controller。

为了应用异步处理,需要使 Controller 成为异步 Controller,并遵循以下规则。

异步 Controller 派生于 AsyncController;

创建一个开始被调用的 Action,此 Action 名称必须为 "操作名 Async" 格式定义,此方法返回 void;

创建一个异步处理完成后被调用的 Action,此 Action 名称必须为 "操作名 Completed" 格式定义,返回结果为 ActionResult,此操作用于实际返回需要的 View。

然后按以下代码模板编写异步处理程序,关键代码说明参见对应的注释内容。

```
public class AsyncDemoController : AsyncController
{
    private EBuyMusicEntities db = new EBuyMusicEntities();
    /// <summary>
    /// 异步的 Action
    /// </summary>
    public void IndexAsync()
    {
        //等待操作数加 1
```

```csharp
    AsyncManager.OutstandingOperations.Increment();
    //创建后台处理对象
    var worker = new BackgroundWorker();
    //设置后台处理实际调用的方法
    worker.DoWork += new DoWorkEventHandler(GetAllAlbum);
    //设置异步处理完成后，回调的数据处理
    worker.RunWorkerCompleted += (o, e) =>
    {
        AsyncManager.Parameters["allAblum"] = e.Result;
        //等待操作数减1。当此值为0时，则完成异步请求。
        AsyncManager.OutstandingOperations.Decrement();
    };
    //发出异步调用
    worker.RunWorkerAsync();
}


/// <summary>
/// 实际完成长时间处理的方法
/// </summary>
/// <param name="o"></param>
/// <param name="e"></param>
private void GetAllAlbum(object o, DoWorkEventArgs e)
{
    var allAblums = db.Album.Include("Artist").Include("Genre");
    e.Result = allAblums;
}


/// <summary>
/// 异常处理完成后，自动调用的回调函数，通过此回调函数返回 View
/// </summary>
/// <param name="allAblum">实际数据</param>
/// <returns>实际返回的 View</returns>
public ActionResult IndexCompleted(IEnumerable<Album> allAblum)
{
    return View(allAblum.ToList());
}
}
```

在地址栏中输入请求：http://localhost:4323/asyncdemo/index，即可看到结果如图 4-7 所示。

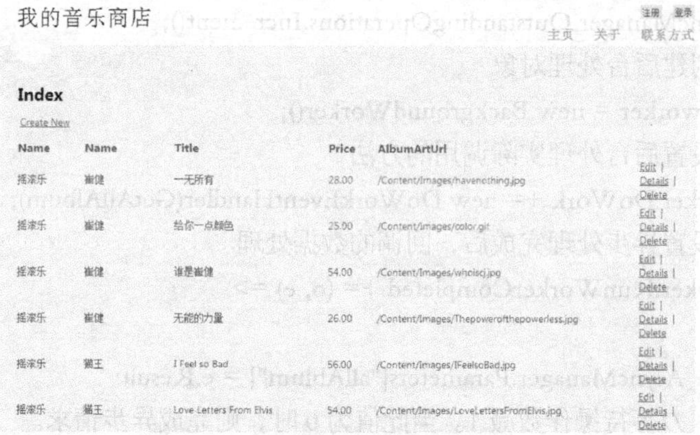

图 4-7 异步请求处理结果

1．AsyncTimeout 属性

AsyncTimeout 属性可用于设置异步控制器的超时时间，超时时间以毫秒为单位，应用时只需要在被调用的 Action 前加上指定的超时时间，代码如下所示。

```
[AsyncTimeout(5000)]
public void IndexAsync()
{
AsyncManager.OutstandingOperations.Increment();
var worker = new BackgroundWorker();
worker.DoWork += new DoWorkEventHandler(GetAllAlbum);
worker.RunWorkerCompleted += (o, e) =>
{
    AsyncManager.Parameters["allAblum"] = e.Result;
    AsyncManager.OutstandingOperations.Decrement();
};
worker.RunWorkerAsync();
}
```

其中的 5 000 为超时时间 5 秒钟。

2．NoAsyncTimeout 属性

NoAsyncTimeout 属性则设置 Action 没有超时时间，即异步操作一直等待代码执行结束，代码如下所示。

```
[NoAsyncTimeout]
public void IndexAsync() { }
```

4.4.3 结果过滤器

结果过滤器属性提供在执行视图前后将被执行的两个事件，最常见的结果过滤器属性就是输出缓存机制，通过 OutputCache 属性实现，把 Action 返回的 View 缓存在服务器中，在下次请求此 Action 时，不再执行 Action 而直接返回被缓存的 View，通过此机制可以极大地提高系统的响应速度和性能。

以下代码使艺术家列表的视图缓存在服务器中达到 10 分钟，在第一次请求生成对应的 View

后，10 分钟内的请求都直接返回被缓存的 View，10 分钟后的第一次请求，将再次执行 Action 中的代码，生成的 View 将被再次缓存 10 分钟。

```
public class FilterDemoController : Controller
{
    private EBuyMusicEntities db = new EBuyMusicEntities();

    [OutputCache(Duration = 600, VaryByParam = "none")]
    public ActionResult Index()
    {
        var firstArtist = db.Artist.First();
        firstArtist.Name = firstArtist.Name + "|" + DateTime.Now.Minute.ToString();
        return View(db.Artist.ToList());
    }
}
```

OutputCache 属性允许完全控制页面内容的缓存地点。

默认情况下，参数 Location 设置为 Any，表示内容可以缓存到三个地方：Web 服务器、代理服务器和用户浏览器。Location 参数可以设置的值为 Any、Client、Downstream、Server、None 或 ServerAndClient。默认值 Any 可以满足大部分情况，但不适用于需要进行细粒度控制缓存的情况。如用户名等个人信息如果使用 Any 值进行缓存，则第一个请求的个人信息将会被显示到其后的许多用户页面中，为此可以把 Location 的值设置为 Client 和 NoStore，代码写成 [OutputCache(Duration = 600, VaryByParam = "none", Location = OutputCacheLocation.Client, NoStore = true)]，以此把数据存储在用户的浏览器，这样，客户端在有缓存数据时，将不再向服务器发送请求。

VaryByParam 参数则可以控制缓存同一个操作时能缓存多个不同的输出结果。一般当 Action 返回的 View 将根据传入的参数不同而做出不同反应时，那么需要根据参数的值不同而缓存不同的 View，此时可以设置 VaryByParam 为对应的参数名，如果此值设置为 none，那么则一直使用同一个缓存的页面内容；如果此值为★，那么每次请求都显示不同的缓存，此时缓存没有实际意义。

表 4.2 列出了 OutputCache 属性类中定义的可用属性。

表 4-2 OutputCache 属性类的属性

参数	描述
CacheProfile	使用的输出缓存策略的名称
Duration	缓存内容的生命周期，以秒为单位
Enabled	是否启用缓存
NoStore	是否启用 HTTP Cache-Control
SqlDependency	缓存依赖的数据库和表名
VaryByContentEncoding	用逗号分隔的字符编码列表，用来区分输入缓存
VaryByCustom	自定义字符串用来区分输出缓存
VaryByHeader	逗号分隔的 HTTP 消息头，以此来区分缓存
VaryByParam	通过参数来缓存不同的缓存结果

当多个地方需要使用同样的缓存规则时,可以把这些规则定义在配置文件 web.config 的 system.web 节中,使用 output cache profiles 来定义全局缓存规则,定义规则模板如下所示。

```
<caching>
    <outputCacheSettings>
        <outputCacheProfiles>
            <add name="ArtistCache" duration="3600" varyByParam="none" />
        </outputCacheProfiles>
    </outputCacheSettings>
</caching>
```

然后,在需要使用此缓存规则的 Action 前,添加以下 OutputCache 属性代码。

`[OutputCache(CacheProfile = "ArtistCache")]`

4.4.4 异常过滤器

使用 ASP.NET MVC 中的 HandleErrorAttribute 特性可以指定如何处理由操作方法引发的异常。默认情况下,当具有 HandleErrorAttribute 特性的操作方法引发任何异常时,MVC 将显示位于 ~/Views/Shared 文件夹中的 Error 视图。

可以通过设置以下属性来修改 HandleErrorAttribute 筛选器的默认行为。

ExceptionType:指定该筛选器将处理的异常类型。如果未指定此属性,则该筛选器将处理所有异常。

View:指定要显示的视图的名称。

Maste:指定要使用的母版视图的名称(如果有)。

Order:指定应用筛选器的顺序(如果某个方法可能有多个 HandleErrorAttribute 筛选器)。

● 指定 Order 属性

HandleErrorAttribute 特性的 Order 属性可帮助确定哪个 HandleErrorAttribute 筛选器用来处理异常。可以将 Order 属性设置为一个整数值,该值指定从 –1(最高优先级)到任何正整数值的优先级。整数值越大,过滤器的优先级越低。

要启用供 HandleErrorAttribute 筛选器使用的自定义错误处理,请向应用程序的 Web.config 文件的 system.web 节添加 customErrors 元素,如下面的示例所示:

```
<system.web>
    <customErrors mode="On" defaultRedirect="Error" />
</system.web>
```

添加 Action 如下所示:

```
public ActionResult GetArtist(int id)
{
    Artist artist = db.Artist.Single(a => a.ArtistId == id);
    if (artist == null)
    {
        return HttpNotFound();
    }
    return View(artist);
}
```

则运行时输入地址：http://localhost:4323/filterdemo/GetArtist/34，由于系统中不存在 ID 为 34 的音乐人，所以将引发 InvalidOperationException 类型的异常，进而显示位于 ~/Views/Shared 文件夹中的 Error 视图。

为了使用自定义的异常视图，在 Action 前添加 HandlerError 属性，代码如下所示：

[HandleError(ExceptionType = typeof(InvalidOperationException), Order = -1, View = "MyErrorView")]

则用同样的地址，将显示自定义的异常处理页面 MyErrorView.cshtml，如图 4-8 所示。

图 4-8　自定义异常处理 View

此外可以在 Web.config 文件的 customErrors 节中将应用程序配置为显示一个错误文件，如下面的示例所示：

```
<system.web>
    <customErrors mode="On" defaultRedirect="GenericErrorPage.htm">
        <error statusCode="500" redirect="/Error.htm" />
    </customErrors>
</system.web>
```

4.4.5　自定义动作过滤器

在某些实际应用中，需要通过自定义的动作过滤器属性来实现一些特定的要求，此时仅需要实现一个继承 FilterAttrbute 类，并实现 IactonFilter、IResultFilter 接口，为了使这个过程更加容易，可以直接继承 ActionFilterAttribute 基类。

实际应用中最常见的自定义动作过滤器是多个 Action 需要读取同一数据，此时可以把读取数据的代码在各个地方分别写同样的代码（不好的习惯，导致代码的重复，不好维护代码），也可以把代码提取成一个独立的方法来调用，但更好的方法是把此功能实现编写在自定义动作过滤器中。

以下自定义动作过滤器属性是读取所有音乐流派数据，此过滤器把读取到的数据保存到 ViewData["AllGenre"]中。

```
public class GenreInfoAttribute : ActionFilterAttribute
{
    private EBuyMusicEntities db = new EBuyMusicEntities();

    public override void OnActionExecuting(ActionExecutingContext filterContext)
    {
        filterContext.Controller.ViewData["AllGenre"] = db.Genre.ToList();
    }
}
```

在 FilterDemoController 中的 AllGenre 和 GetGenre 两个 Action 上应用此属性，如下所示：

```
public class FilterDemoController : Controller
{
    [GenreInfo]
    public ActionResult AllGenre()
    {
        return View();
    }
    [GenreInfo]
    public ActionResult GetGenre()
    {
        return View();
    }
}
```

则在 View 中都可直接使用对应的 ViewData["AllGenre"]来操作过滤器中已保存的数据，代码如下所示：

```
@using EBuy;
@model IEnumerable<EBuy.Genre>
@{
    ViewBag.Title = "AllGenre";
    List<Genre> allGenre = (List<Genre>)ViewData["AllGenre"];
}
<h2>
    AllGenre</h2>
<p>
    @Html.ActionLink("Create New", "Create")
</p>
<table>
    <tr>
        <th width="10%">
            @Html.Label("流派名称")
        </th>
        <th>
            @Html.Label("流派说明")
        </th>
        <th width="10%">
        </th>
    </tr>
    @foreach (var item in allGenre)
    {
```

```
            <tr>
                <td>
                    @Html.DisplayFor(modelItem => item.Name)
                </td>
                <td>
                    @Html.DisplayFor(modelItem => item.Description)
                </td>
                <td>
                    @Html.ActionLink("Edit", "Edit", new { id = item.GenreId }) |
                    @Html.ActionLink("Details", "Details", new { id = item.GenreId }) |
                    @Html.ActionLink("Delete", "Delete", new { id = item.GenreId })
                </td>
            </tr>
        }
</table>
```

4.5 动作执行结果

ActionResult 是 Action 执行的结果，但抽象类 ActionResult 中并不包含执行结果，仅包含执行响应时所需要的信息，实际的执行结果是表 4-3 中所列的各类 ActionResult。

表 4-3 常用 ActionResult

类	Controller 辅助方法	说明
ContentResult	Content	返回用户自定义的文本内容
EmptyResult		不返回任何数据
JsonResult	Json	返回 Json 格式数据
RedirectResult	Redirect	重定向到指定的 URL
RedirectRouteResult	RedirectToAction、RedirectToRoute	将用户重新定向到通过路由选择参数指定的 URL 中
ViewResult	View	调用进视图引擎以将视图呈现到响应中
PartialViewResult	PartialView	与 ViewResult 类似，返回的是"部分 View"
FileResult	File	以二进制流的方式返回一个文档
JavaScriptResult	JavaScript	返回 JavaScript 代码

表中的 Controller 辅助方法是在 Controller 中为返回 ActionResult 类提供支持，也是更常用的方法，例如需要在 Action 中跳转到 HomeController 的 Index 这一 Action，可用如下代码：

```
return new RedirectResult("/Home/Index");
```

但实际代码更常用：

```
return Redirect("/Home/Index");
```

4.5.1 常用的动作执行结果类

1．ViewResult

ViewResult 是 ASP.NET MVC 中最常用的 ActionResult，用于返回一个标准的 View。通过 Controller 辅助方法，能很方便地定义如何输出 View，可以指定要输出的 View 的名称，指定该 View 要应用的 MasterPage，指定要输入到 View 的 Model 等。

以下示例将把默认的 View 输出到客户端，也即 "Views/Home" 文件夹中与 Action 同名的 Index.cshtml 文件执行后返回到客户端。

```
public class HomeController : Controller
{
    public ActionResult Index()
    {
        ViewBag.Message = "修改此模板以快速启动你的 ASP.NET MVC 应用程序。";
        return View();
    }
}
```

以下示例则将把指定名称（About）的 View 返回给客户端，也即 "Views/Home" 文件夹中指定名称的 About.cshtml 文件执行后返回到客户端。

```
public class HomeController : Controller
{
    public ActionResult Index()
    {
        ViewBag.Message = "修改此模板以快速启动你的 ASP.NET MVC 应用程序。";
        return View("About");
    }
}
```

以下示例指定返回 View 的同时，还指定将使用的 MasterPage。

```
public class HomeController : Controller
{
    public ActionResult Index()
    {
        ViewBag.Message = "修改此模板以快速启动你的 ASP.NET MVC 应用程序。";
        return View("About", "MasterPage");
    }
}
```

要注意，当使用的 View 中已定义好使用 MasterPage，而 Action 中也指定了 MasterPage，且两个指定的 MasterPage 不同时，将以 Action 中指定的 MasterPage 为主。

以下示例将指定的数据传输到默认的 View 中，然后在 View 中即可使用此指定的数据。

```
public ActionResult Create(Genre genre)
{
    if (ModelState.IsValid)
```

```
    {
        db.Genre.AddObject(genre);
        db.SaveChanges();
        return RedirectToAction("Index");
    }
    return View(genre);
}
```

2. PartialViewResult

PartialViewResult 与 ViewResult 非常相似，常用在前端为 AJAX 应用的程序中通过 AJAX 来取得页面中的部分内容，因此 PartialViewResult 无法设置 MasterPage。

以下示例会执行 "/Views/Home/About.ascx"

```
public class HomeController : Controller
{
    public ActionResult About()
    {
        return PartialView();
    }
}
```

3. EmptyResult

在某些情况下，Action 执行后不需要返回任何数据，则可以使用 EmptyResult 来实现。

以下示例即使用 EmptyResult。

```
public ActionResult Create()
{
    return  new EmptyResult();
}
```

此外，还可以用以下示例完成同样的处理。

```
public void   Create()
{
    return;
}
```

4. ContentResult

ContentResult 可以响应文本内容，以下示例将向客户端返回 XML 文本，并设置客户端显示文本时的 Content-Type 为 text/xml。

```
public ActionResult GetContent()
{
    return    Content("<Author><Name> 李   响 </Name></Author>",    "text/xml", Encoding.UTF8);
}
```

以下示例可以完成同样的功能。

```
public string GetConentString()
```

```
{
return "<Author><Name>李响</Name></Author>";
}
```

5. FileResult

FileResult 可以响应任意的文档内容，包括图像文件、PDF 文档等二进制数据，还可以使用 byte 数组、文档路径、Stream 数据、Content-Type、下载文件名等参数并将其返回客户端。由于 FileResult 是抽象类，所以实际使用的为 FilePathResult、FileContentResult 和 FileStreamResult 三个派生类，分别用于响应实体文档、byte 数组的内容及 Stream 数据。

以下示例将在浏览器中显示"Content/Images"文件夹中的图像文件 AbbeyRoad.jpg。

```
public ActionResult OpenImageFile()
{
return File(Server.MapPath("~/Content/Images/AbbeyRoad.jpg"), "image/jpg");
}
```

在上例的基础上，File 辅助方法指定第 3 个参数（保存时的文件名），即可要求客户端下载指定的文件。

```
public ActionResult DownloadImageFile()
{
return File(Server.MapPath("~/Content/Images/AbbeyRoad.jpg"),
            "image/jpg", "甲壳虫乐队.jpg");
}
```

6. JsonResult

Json（JavaScript Object Notation）是 Web 在实现 AJAX 应用时经常用到的一种数据传输格式，JsonResult 类可以将对象转换成 Json 格式返回的类，JsonResult 类默认的 Content-Type 为 application/json。

以下示例即提供 Json 数据的返回值。

```
public ActionResult ArtistJson(int id)
{
db.ContextOptions.ProxyCreationEnabled = false;
Artist artist = db.Artist.First(a => a.ArtistId == id);
if (artist == null)
{
    return HttpNotFound();
}
return Json(new { id = artist.ArtistId, name = artist.Name });
}
```

使用 POST 方法即可读取对应的 Json 数据（本章示例代码中根目录下的 JsonClient.htm 页面可作为测试客户端页面），但对于使用 GET 方法读取本 Action，则将引发异常，因为 ASP.NET MVC 为了防止 JSON Hijacking 攻击而禁止了 GET 方法读取对应的 JsonRsult。为了使 GET 方法也能读取 JsonResult 结果，则使用 Json 辅助方法的另一重载行式，代码改为

```
return Json(new { id = artist.ArtistId, name = artist.Name }, JsonRequestBehavior.AllowGet);
```

即可直接在地址栏中输入对应的 URL 调用此 Action，并得到 Json 数据。

但为了系统的安全，最好不放开 GET 方式的请求许可。

7．JavaScriptResult

JavaScriptResult 的作用是把 JavaScript 代码返回给客户端，实现客户端的动态执行对应 JavaScript 代码，以下示例向客户端返回一个提示信息的 JavaScript 代码。

```
public ActionResult JavaScriptAction()
{
return JavaScript("alert('执行了服务器返回的 JavaScript 代码');");
}
```

8．RedirectResult

RedirectResult 主要用于执行指向其他地址的重定向，以下示例将跳转到 /Home/Index。

```
public ActionResult RedirectToUrl()
{
return Redirect("/Home/Index");
}
```

9．RedirectToRouteResult

RedirectToRouteResult 与 RedirectResult 类似，用于跳转，但执行过程中将计算路由值，主要的方法包括 RedirectToAction 及 RedirectToRoute 两个方法。

以下代码跳转到同一 Controller 中的指定名称（otherActionName）的 Action 中。

RedirectToAction("otherActionName");

RedirectToRoute(new {action = "otherActionName"});

以下代码跳转到指定名称（otherControllerName）的 Controller 中的指定名称（otherActionName 在）Action 中。

RedirectToAction("otherControllerName", "otherActionName");

RedirectToRoute(new {controller = "otherControllerName", action = "otherActionName"});

以下代码跳转到指定名称（otherControllerName）的 Controller 中的指定名称（otherActionName 在）Action 中时，还输入指定的参数。

RedirectToAction(otherControllerName", "otherActionName", new {id=3});

RedirectToRoute(new { controller = "otherControllerName", action = "otherActionName", page = 3});

4.5.2 ViewData 与 TempData

当 Action 返回 View 时，往往需要向 View 输入数据，输入的数据常用 ViewData、TempData 和强类型来实现，有关强类型参见下一章相关内容。

1．ViewData

ViewData 是一个 ViewDataDictionary 类，可用于存储任意对象的数据，但存储的数值为字符串，并且只保存在当前 HTTP 请求中，其详细使用方法参见下一章内容。

2．TempData

TempData 与 ViewData 类似，也是字典类，但 TempData 的值只是暂时保存在 1 次请求中，请求发送回服务器后，Action 结束则保存的值将被清空。

之所以会设计 TempData，主要用于防止应该只发送一次的请求会被多次发送到服务器而引发不应发生的多次处理同一数据的情况。最常用的场景就是在向系统中发送添加数据的请求时，用户可能在浏览器中使用"刷新"等操作，这些操作会把同样的数据多次发送给服务器，但实际上用户可能只是需要添加一份数据。

本章小结

本章内容主要是展示 Controller 在 ASP.NET MVC 中的应用技术，Controller 是 MVC 中的处理中枢，Controller 通过 Action 接收客户端的数据，并完成各种处理和导航。由于 Controller 的各种结果通常需要由 View 来展示给客户，所以 Controller 与 View 将进行交互，而交互的数据又常通过强类型的 Modle 完成。此外，需要适当地使用各动作过滤器。

习题

4-1　简述 Controller 的作用。
4-2　为什么 Create、Edit 之类的 Action 会有两个同名的 Action？
4-3　列举过滤器属性的种类及其使用方法。

综合案例

概述

本章将为 ASP.NET MVC 网上书店添加书籍管理功能，包括显示全部书籍列表、查看书籍详细信息和添加新书籍的功能代码。

主要任务

- 编写书籍相关数据访问代码
- 创建书籍分类浏览视图
- 创建书籍管理控制器

实施步骤

1. 编写数据访问代码

按照本书第 3 章介绍的库模式创建书籍相关的数据库访问代码，首先根据功能需求定义接口，在项目的"Models"文件夹下，创建一个"IBookRepository.cs"文件，并添加如下代码：

```
using System;
using System.Collections.Generic;
using System.Linq;
using System.Web;
namespace MvcBookStore.Models
{
    public interface IBookRepository
    {
```

```
        IList<Books> GetTopSellingBooks(int count);
        //根据 ID 获取书籍
        Books GetBookById(int id);
        //根据 ID 删除书籍
        void DeleteBookById(int id);
        //更新书籍数据
        void UpdateBook(Books book);
        //添加新书籍
        void AddToBooks(Books book);
        //获取全部书籍
        IList<Books> GetAllBooks();
    }
}
```

接口创建完成后,根据接口的定义,创建"BookRepository"类实现接口,同样在项目的"Models"文件夹下,创建一个"BookRepository.cs"文件,并实现该类,具体代码如下:

```
using System;
using System.Collections.Generic;
using System.Linq;
using System.Web;
using System.Data;
namespace MvcBookStore.Models
{
    public class BookRepository:IBookRepository
    {
        //获取最畅销书籍
        public IList<Books> GetTopSellingBooks(int count)
        {
            using (Models.MvcBookStoreEntities db = new MvcBookStoreEntities())
            {
                //暂时返回全部书籍
                return db.Books.Take(count).ToList();
            }
        }
        public Books GetBookById(int id)
        {
            using (Models.MvcBookStoreEntities db = new MvcBookStoreEntities())
            {
                //根据 id 返回书籍
                return db.Books.Include("Categories").Single(b => b.BookId == id);
            }
```

```csharp
}
public void DeleteBookById(int id)
{
    using (Models.MvcBookStoreEntities db = new MvcBookStoreEntities())
    {
        //根据 id 删除书籍
        Books books = db.Books.Single(b => b.BookId == id);
        db.Books.DeleteObject(books);
        db.SaveChanges();
    }
}
public void UpdateBook(Books book)
{
    using (Models.MvcBookStoreEntities db = new MvcBookStoreEntities())
    {
        //根据 id 删除书籍
        db.Books.Attach(book);
        db.ObjectStateManager.ChangeObjectState(book, EntityState.Modified);
        db.SaveChanges();
    }
}
public void AddToBooks(Books book)
{
    using (Models.MvcBookStoreEntities db = new MvcBookStoreEntities())
    {
        //添加到 Books 表
        db.Books.AddObject(book);
        db.SaveChanges();
    }
}
public IList<Books> GetAllBooks()
{
    using (Models.MvcBookStoreEntities db = new MvcBookStoreEntities())
    {
        //返回全部书籍
        return db.Books.Include("Categories").ToList();
    }
}
}
```

除了书籍数据外，书籍管理功能还需用到书籍种类数据，所以我们还要创建"ICategoryRepository"接口，并根据数据访问需求定义方法，还是在项目的"Models"文件夹下，创建一个"ICategoryRepository.cs"文件，并添加如下代码：

```csharp
using System;
using System.Collections.Generic;
using System.Linq;
using System.Web;
namespace MvcBookStore.Models
{
    public interface ICategoryRepository
    {
        //获取所有类别
        IList<Categories> GetAllCategories();
        //根据类别id获取类别并包含书籍
        Categories GetCategoriesById(int id);
        //根据id获取书籍
        Books GetBooksById(int id);
    }
}
```

接下来，创建"CategoryRepository"类实现接口，同样在项目的"Models"文件夹下，创建一个"CategoryRepository.cs"文件，并实现该类，具体代码如下：

```csharp
using System;
using System.Collections.Generic;
using System.Linq;
using System.Web;
namespace MvcBookStore.Models
{
    public class CategoryRepository:ICategoryRepository
    {
        public IList<Categories> GetAllCategories()
        {
            using (Models.MvcBookStoreEntities db = new MvcBookStoreEntities())
            {
                //获取书籍种类列表
                return db.Categories.ToList();
            }
        }
        public Categories GetCategoriesById(int id)
        {
            using (Models.MvcBookStoreEntities db = new MvcBookStoreEntities())
```

```csharp
            {
                //根据 ID 获取类别，并包含该类别全部书籍数据
                return db.Categories.Include("Books").Single(c => c.CategoryId == id);
            }
        }
        public Books GetBooksById(int id)
        {
            using (Models.MvcBookStoreEntities db = new MvcBookStoreEntities())
            {
                //根据 ID 获取书籍，并包含书籍类别书籍
                return db.Books.Include("Categories").Single(b => b.BookId == id);
            }
        }
    }
}
```

2. 创建书籍分类浏览视图

打开"StoreController.cs"，利用创建好的数据库访问类完善 StoreController 控制器，具体代码如下：

```csharp
using System;
using System.Collections.Generic;
using System.Linq;
using System.Web;
using System.Web.Mvc;
using MvcBookStore.Models;
namespace MvcBookStore.Controllers
{
    public class StoreController : Controller
    {
        ICategoryRepository _categoryRepository;
        public StoreController()
        {
            _categoryRepository = new CategoryRepository();
        }
        //
        // GET: /Store/
        public ActionResult Index()
        {
            //获取所有种类
            return View(_categoryRepository.GetAllCategories());
```

```
        }
        //
        // GET: /Store/Browse
        public ActionResult Browse(int id)
        {
            //根据类别 id 获取书籍
            return View(_categoryRepository.GetCategoriesById(id));
        }
        //
        // GET: /Store/Details
        public ActionResult Details(int id)
        {
            //根据书籍 id 获取详细书籍信息
            return View(_categoryRepository.GetBooksById(id));
        }
    }
}
```

项目编译无误后,创建 StoreController 控制器的 Index 视图,视图创建参数如图 4-9 所示。

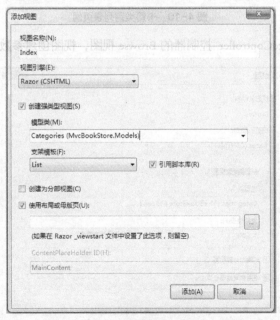

图 4-9 创建 Index 视图

视图创建完成后,打开视图模板代码,根据需求按如下方式重写 Index 视图代码:

```
@model IEnumerable<MvcBookStore.Models.Categories>
@{
    ViewBag.Title = "选择书籍类别";
```

```
}
<h2>书籍类别</h2>
<h3>共有 @Model.Count() 个种类可以选择：</h3>
<ol class="round">
    @foreach (var category in Model)
    {
        <li class="one"><h5>@Html.ActionLink(@category.Name, "Browse",
                                  new         {          id         =
@category.CategoryId })</h5></li>
    }
</ol>
```

编译并运行项目，浏览"/Store/Index"，我们将看到如图 4-10 所示的书籍类别列表页面。

图 4-10　书籍类别列表页面

接下来，创建 StoreController 控制器的 Browse 视图，视图创建参数如图 4-11 所示。

图 4-11　创建 Browse 视图

视图创建完成后,打开视图模板代码,根据需求按如下方式重写 Browse 视图代码:

```
@model MvcBookStore.Models.Categories
@{
    ViewBag.Title = "分类浏览";
}
<div class="genre">
    <h2>种类:@Model.Name</h2>
    <ul id="album-list">
        @foreach (var book in Model.Books)
        {
            <li>
                <a href="@Url.Action("Details",new { id = book.BookId })">
                    <img alt="@book.Title"
                        src="@book.BookCoverUrl" />
                    <span>@book.Title</span>
                </a>
            </li>
        }
    </ul>
</div>
```

编译并运行项目,浏览"/Store/Index",选择一个书籍类别,我们将看到如图 4-12 所示的该类别书籍列表页面。

图 4-12 分类书籍列表页面

最后,创建 StoreController 控制器的 Details 视图,视图创建参数如图 4-13 所示。

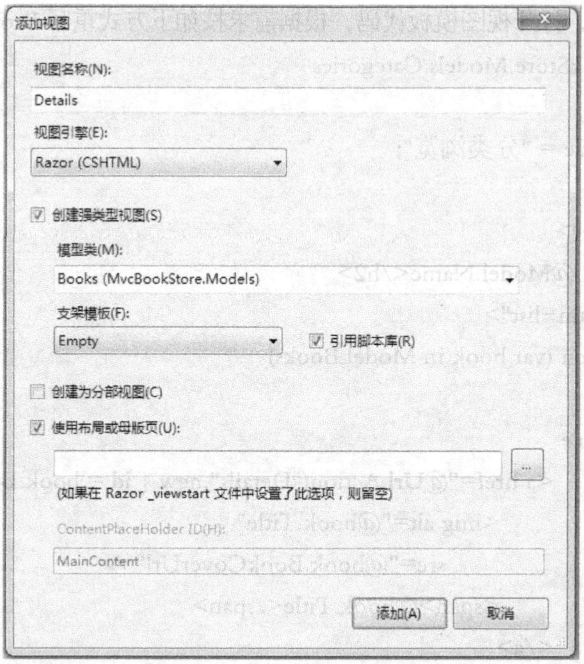

图 4-13 创建 Details 视图

视图创建完成后，打开视图模板代码，根据需求按如下方式重写 Details 视图代码：

```
@model MvcBookStore.Models.Books
@{
    ViewBag.Title = "书籍信息";
}
<h2>书名: @Model.Title</h2>
<p>
    <img alt="@Model.Title" src="@Model.BookCoverUrl" />
</p>
<div>
    <p>
        <b>类别:</b>
        @Model.Categories.Name
    </p>
    <p>
        <b>作者:</b>
        @Model.Authors
    </p>
    <p>
        <b>价格:</b>
        @String.Format("{0:F}",Model.Price)
    </p>
    <p class="button">
```

```
@Html.ActionLink("添加到购物车", "AddToCart", "ShoppingCart",
           new { id = Model.BookId }, "")
    </p>
</div>
```

编译并运行项目，浏览"/Store/Index"，选择一个书籍类别，选择一本书籍，我们将看到如图 4-14 所示的书籍详细信息页面，在该页面上单击"添加到购物车"按钮可以将该书籍放入购物车。目前的项目，购物车功能还未实现，在后面的章节中将完成购物车功能的开发。

图 4-14　书籍详细信息页面

3. 创建控制器

根据第 2 章中讲到的方法，创建一个名为"StoreManagerController"的控制器，控制器创建设置如图 4-15 所示。

图 4-15　创建控制器窗口

值得注意的是，如果在窗体中找不到需要的选项，不妨先把整个项目编译一遍，然后再试试看。当我们单击"添加"按钮后，Visual Studio 开发环境将为我们完成大量工作，包括在项目中添加了"StoreManagerController"控制器类，在"Views"文件夹下创建了"StoreManager"文件夹，并向该文件夹中添加了"Create.cshtml"、"Delete.cshtml"、"Details.cshtml"、"Edit.cshtml"和"Index.cshtml"视图模板。

虽然开发环境为控制器的创建做了大量工作，但我们还是应该根据项目的具体需求对部分代码进行重新编写，完成后的 StoreManagerController 类代码如下：

```csharp
using System;
using System.Collections.Generic;
using System.Data;
using System.Data.Entity;
using System.Linq;
using System.Web;
using System.Web.Mvc;
using MvcBookStore.Models;
namespace MvcBookStore.Controllers
{
    public class StoreManagerController : Controller
    {
        //库模式数据库访问实例
        IBookRepository _bookRepository;
        ICategoryRepository _categoryRepository;
        public StoreManagerController()
        {
            //初始化数据库访问实例
            _bookRepository = new BookRepository();
            _categoryRepository = new CategoryRepository();
        }
        // GET: /StoreManager/
        public ActionResult Index()
        {
            //获取全部书籍数据
            var books = _bookRepository.GetAllBooks();
            return View(books.ToList());
        }
        // GET: /StoreManager/Details/5
        public ActionResult Details(int id = 0)
        {
            //根据 ID 找到书籍
            Books books = _bookRepository.GetBookById(id);
            if (books == null)
            {
                return HttpNotFound();
            }
            return View(books);
```

```csharp
}
// GET: /StoreManager/Create
public ActionResult Create()
{
    //为下拉列表准备的类别数据
    ViewBag.CategoryId = new SelectList(_categoryRepository.GetAllCategories(),
            "CategoryId", "Name");
    return View();
}
// POST: /StoreManager/Create
[HttpPost]
public ActionResult Create(Books books)
{
    if (ModelState.IsValid)
    {
        //添加新书籍
        _bookRepository.AddToBooks(books);
        return RedirectToAction("Index");
    }
    //为下拉列表准备的类别数据
    ViewBag.CategoryId = new SelectList(_categoryRepository.GetAllCategories(),
            "CategoryId", "Name", books.CategoryId);
    return View(books);
}
// GET: /StoreManager/Edit/5
public ActionResult Edit(int id = 0)
{
    //根据ID获取书籍
    Books books = _bookRepository.GetBookById(id);
    if (books == null)
    {
        return HttpNotFound();
    }
    //创建下拉列表
    ViewBag.CategoryId = new SelectList(_categoryRepository.GetAllCategories(),
            "CategoryId", "Name", books.CategoryId);
    return View(books);
}
// POST: /StoreManager/Edit/5
[HttpPost]
```

```csharp
            public ActionResult Edit(Books books, string authorsName)
            {
                if (ModelState.IsValid)
                {
                    //更新书籍数据
                    _bookRepository.UpdateBook(books);
                    return RedirectToAction("Index");
                }
                //为下拉列表准备的类别数据
                ViewBag.CategoryId = new SelectList(_categoryRepository.GetAllCategories(),
                        "CategoryId", "Name", books.CategoryId);
                return View(books);
            }
            // GET: /StoreManager/Delete/5
            public ActionResult Delete(int id = 0)
            {
                //根据 ID 获取书籍
                Books books = _bookRepository.GetBookById(id);
                if (books == null)
                {
                    return HttpNotFound();
                }
                return View(books);
            }
            // POST: /StoreManager/Delete/5
            [HttpPost, ActionName("Delete")]
            public ActionResult DeleteConfirmed(int id)
            {
                //根据 ID 删除书籍
                _bookRepository.DeleteBookById(id);
                return RedirectToAction("Index");
            }
        }
    }
```

至此，StoreManagerController 类创建完成，其中的数据访问代码都是基于库模式实现的。

PART 5 第 5 章 视图技术

本章导读

ASP.NET MVC 中的视图（View）负责向用户呈现操作界面和程序执行结果，在程序执行过程中，由 Action 创建并接收 Action 输入的数据，在 View 中把数据按设计的格式显示在客户端界面。

本章将介绍 View 如何显示用户界面和如何对 View 进行控制的技术。

本章要点

- 创建 View
- HTML 辅助方法
- 强类型 View
- Razor 视图引擎

5.1 视图概述

ASP.NET MVC 中视图的作用就是向用户提供界面。视图在得到模型（数据）后，将模型转换成为准备提供给用户的格式，这个过程分成检查由 Controller 输入的数据及将内容转换成 HTML 格式两个部分（大部分 Action 返回给客户端的都是由 HTML 代码组成的 View）。

View 中的数据可以通过 ViewData 和 ViewBag 属性来访问，其中 ViewBag 是动态的，使用时可以用类似属性访问的语法来检索字典中的值；ViewData 更像是 Session 的使用方式。ViewBag 可以访问通过 ViewData 属性访问的相同数据，而 ViewData 也可以直接读取 ViewBag 保存的数据。

以下代码中 Controller 保存了数据到 ViewData 和 ViewBag 中。

```
public class ViewDemoController : Controller
{
    public ActionResult ViewBagAndViewData()
    {
```

```
ViewData["DemoData"] = "这是由 ViewData 保存的数据";
ViewBag.SecondData = "这是由 ViewBag 保存的数据";
return View();
    }
}
```

以下则是对应视图中读取数据并显示的代码。

```
@{ViewBag.Title = "ViewBag 和 ViewData 交叉数据读取";}
<h2>ViewBag 和 ViewData 交叉数据读取</h2>
<h5>以下是由 ViewBag 读取的数据</h5>
@ViewBag.DemoData
<br />
<h5>以下是由 ViewData 读取的数据</h5>
@ViewData["SecondData"]
```

在 MVC4 中，最常使用的是 Razor 视图引擎，在后续内容中将进一步讲解 Razor 语法及应用技术。

5.2 创建与指定视图

创建 View 最常用的是在 Action 中通过右键快捷菜单中的"添加视图"的方法，弹出创建 View 的界面，如图 5-1 所示，创建的视图将直接符合"惯例"，即所有视图放在"Views/ControllerName/"文件夹中，同时，视图的名称自动默认为 Action 的名称。

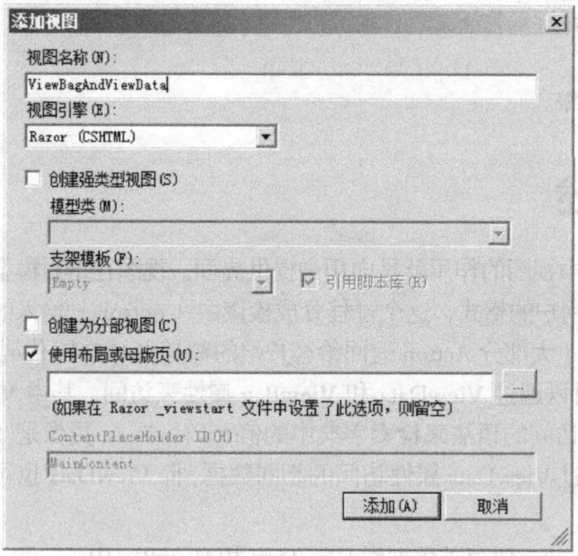

图 5-1 创建视图

其中的视图引擎默认有 Razor 和 ASPX 两种选择，其中 ASPX 指 View 的代码编写语法按一般 ASPX 页面而且程序执行时将由 ASPX 引擎进行 View 的执行；而 Razor 引擎则在编写 View 时使用 Razor 语法，由 Razor 引擎执行。

创建强类型视图复选框则在选中后可以指定输入 View 的模型类（本例中可直接使用 Entity

Framework 创建的实体类），注意在需要选择项目中的类时，需要最少先编译过的类一次。

在选择模型类后，下方的支架模板指定需要按哪种模型类型生成视图，表 5-1 所示为各种模板的说明。

表 5-1 视图支架模板类型

类型	说明
Empty	创建一个空视图，使用@model 语法指定模型类型
Create	创建一个视图，其中带有创建模型新实例的表单，并为模型的每个属性显示一个标签和编辑器
Delete	创建一个视图，其中带有删除现有模型实例的表单，并为模型的每个属性显示一个标签及其当前的值
Details	创建一个视图，显示模型类型的每个属性的标签及其值，以显示模型实例的详细信息
Edit	创建一个视图，其中带有编辑现有模型实例的表单，并为模型类型的每个属性生成一个标签和编辑器
List	创建一个带有模型实例列表的视图。为模型类型中每个属性生成一列，同时为每个模型实例创建"编辑、删除、详细"操作链接

引用脚本库复选框用于指示创建的视图是否应该包含指向 JavaScript 文件集的引用。默认情况下，共享的_Layout.cshtml 文件既没有引用 JQuery Validation 库，也没引用 Unobtrusive JQuery Validation 库而只包含主 JQuery 库，所以没有客户端的数据验证代码库。当创建一个包含数据条目表单的 View（如 Edit 或 Create）时，需要对数据进行客户端验证，那么需要引入脚本库，其他时候，可以不选此复选框。

创建为分部视图复选框用于控制所创建的视图是不是一个完整的视图，所以当选择本选项后，"使用布局或母版页"选项则成为无效选项。对于 Razor 来说，创建的分部视图除了顶部没有<html>和<head>标签之外，与常规 View 很相似。

使用布局或母版页复选框则决定创建的 View 是否引用布局或母版页，或者是完全独立的 View。对于 Razor 而言，如果选择使用默认布局则没有必要指定布局，因为_ViewStart.cshtml 中已指定了布局，在 MVC4 的_ViewStart.cshtml 中又直接应用了 Views/Shared/_Layout.cshtml。

视图的存储与组织如图 5-2 所示，所有的 View 都放在 Views 文件夹，而且在 Views 文件中创建了一系列的与 Controller 同名的子文件夹，而各子文件夹内，存在一系列与各 Controller 中的 Action 同名的 cshtml 文件，这些即为对应的 View 文件。

当 MVC 引擎在创建一个实际的 View 时，自动按照 "Views/ControllerName/ViewName.cshtml" 这一规律来找到对应的 View，然后执行此 View 并把结果返回客户端。

在 Views 文件夹中还有一个特殊的文件夹 "Shared"，其中存放共享的视图或部分视图资源，如异常处理时显示异常信息的 Error.cshtml 和 MyErrorView.cshtml，还有共享的视图布局文件_Layout.cshtml 等，当在对应 ControllerName

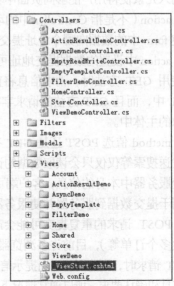

图 5-2 视图组织方式

文件夹中找不到对应的 View 文件时，将会进一步在此文件夹中查找对应的 View 文件，但为了保证按惯例进行开发，不是共享的 View 文件不要放在此文件夹而应放在对应的 Controller 同名的文件夹中。

由于 Controller 中的 Action 向客户端返回 View，所以每个 Action 向客户返回哪个 View 取决于 Action 中的 return 语句。在 Action 中指定执行哪个 View 的规则主要如 4.5.1 小节中 ViewResult 部分内容所述，返回 Action 同名 View，返回同一 Controller 中的指定名称 View，返回指定 Controller 中的指定 View，此外，还可以指定 View 文件所在的完整路径方式指定执行哪个 View。

以下示例在 Action 中通过指定 View 的完整路径来指定要执行的 View。

```
public class ViewDemoController : Controller
{
    public ActionResult ViewPath()
    {
        ViewData["DemoData"] = "这是 ViewPath 中由 ViewData 保存的数据";
        ViewBag.SecondData = "这是 ViewPath 中由 ViewBag 保存的数据";
        return View("~/Views/ViewDemo/ViewBagAndViewData.cshtml");
    }
}
```

View 的完整路径中，开头的 "~" 是指 Web 网站的根目录，需要注意的是，指定路径中必须包括 View 文件的后缀 cshtml。

5.3　表单和 HTML 辅助方法

5.3.1　表单的使用

表单（form）是包含输入元素的容器，其中包含按钮、复选框、文本框等元素。Form 中这些输入元素使得用户能够向页面中输入信息，并把输入的信息提交给服务器。

action（不是指 Controller 中的动作 Action）和 method 是 form 的两个重要特性，其中 action 决定 form 中的数据向哪个地址提交，method 则决定 form 提交数据时所使用的方法。

action 中设置的数据提交地址可以是绝对地址也可以是相对地址。method 的默认值为 GET，当使用 GET 方法时，请求信息将直接显示在地址栏中，所有的请求信息都包含在最终的请求 URL 中，而且 GET 方法的请求字符串长度是受限的。POST 方法则将请求信息的数据将放在请求的主体中。

method 值选 POST 还是 GET 有一般的规律，但并不一定必须按规律处理。当需要向服务器发送搜索等仅仅只会读取数据的请求时，一般使用 GET 方法更好，因为 GET 方法一般不会改变服务器中本身的信息，客户端可以重复地发送 GET 请求而不会有负面影响。POST 方法一般用于提交数据到服务器并使服务器中的数据发生变更，如创建用户账号、进行网上支付等操作。POST 请求的重复提交可能会产生不良的后果（如创建多次用户账号、进行了多次支付、产生多个订单等），目前许多浏览器可以帮助用户避免重复提交 POST 请求，当用户重复提交 POST 请求时，浏览器将弹出提示信息要求用户确认再次提交请求，但 GET 请求则没有相应的提示信息和确认要求。所以通常情况下，GET 请求用于读取数据操作，POST 请求用于写数据操作。

以下示例通过 GET 方法把搜索音乐专辑的请求发送到 SearchController 的 SearchAlbum 活

动,其中 form 写法用的是一般的 form 写法。

```html
<form action="/Search/SearchAlbum" method="get">
<input type="text" name="albumName" />
<input type="submit" value="搜索" />
</form>
```

对应的搜索用 Action 代码如下所示。

```csharp
public ActionResult SearchAlbum(string albumName)
{
    var albums = db.Album.Where(a => a.Title.Contains(albumName) || albumName == null);
    return View(albums);
}
```

其中 Action 的参数名称需要和 form 中的输入标签同名（name 属性值），都为 albumName，提交的搜索请求 URL 值为 http://localhost:4323/Search/SearchAlbum?albumName=m。

但上例中的 action 路径值在某些情况下将失效，例如网站部署在一个非网站根目录下时，或修改路由的定义，那么写成硬编码的 URL 则将没有对应的正确请求地址。为此需要让程序在运行时自动计算出对应的 URL，此时可使用 HTML 辅助方法来进行路由计算。代码如下所示。

```cshtml
@{
    ViewBag.Title = "搜索";
}
<h2>
    搜索专辑</h2>
@using (Html.BeginForm("SearchAlbum", "Search", FormMethod.Get))
{
    <input type="text" name="albumName" />
    <input type="submit" value="搜索" />
}
```

其中 HTML 辅助方法中的 BeginForm 辅助方法会询问路由引擎如何找到 SearchController 的 SearcherAlbum 操作,路由引擎会自动进行计算找到动态的 URL（如果修改了路由定义,则计算结果会自动得到实际的 URL）。如果不使用 HTML 辅助方法则需要更多更复杂的代码来实现实际路由的计算,所以 HTML 辅助方法能有效地提高开发人员的工作效率和开发质量。

5.3.2 HTML 辅助方法

HTML 辅助方法是可以通过 View 的 Html 属性调用的方法,与此相同的还有 Url 辅助方法及 AJAX 辅助方法,所有这些辅助方法都是为了使 View 的编码更容易,调用方法也是在 View 中通过对应的 Url 属性及 AJAX 属性的调用来完成。

如上例中的 BeginForm 辅助方法,执行结果可能与直接写 action 地址的结果一样,但实际上在执行 View 时,此辅助方法将与路由引擎协调以生成合适的 URL,从而使代码在应用程序部署发生改变时自动变化其值而使程序更富有弹性。由于辅助方法能简化程序员的开发工作,所以最好学会熟练地应用 View 中的各个辅助方法。

BeginForm 辅助方法输出的内容包括起始<form>和结束<form>标签,起始标签将生成在

using 的开始大括号处而结束标签将在 using 的关闭大括号处,这样使代码更简洁。如果对于上例的写法不适应,还可以写成以下格式,使代码看上去前后对称,但推荐使用 using 的写法。

@{Html.BeginForm("SearchAlbum", "Search", FormMethod.Get);}
    <input type="text" name="albumName" />
    <input type="submit" value="搜索" />
@{Html.EndForm();}

BeginForm 还有其他重载形式,以下代码将在新的标签页中打开搜索页面。

Html.BeginForm("SearchAlbum", "Search", FormMethod.Get, new {target = "_blank"})

有关 BeginForm 的其他重载形式,请参见 MSDN 详细说明。

5.3.3 输入类辅助方法

输入类辅助方法可以帮助程序生成输入类标签,例如上述的 BeginForm 辅助方法,以下对主要的一些输入类辅助方法进行讲解。

1.TextArea 及 TextBox 辅助方法

TextArea 辅助方法用来输出 HTML 元素中的 textarea,如@Html.TextArea("outputtext", "欢迎你
张三"),方法中的第 2 个参数是需要输出的值,并且会自动对输出的值进行 HTML 编码,以提高系统安全性,上述代码在客户端将输出的结果为

<textarea cols="20" id="outputtext" name="outputtext" rows="2">
欢迎你&lt;br /&gt;张三</textarea>

其中的 "<br/>" 被转化为了一般的字符串,而不能再作为 HTML 标签使用。

TextBox 辅助方法则将生成 text 类型的 input 标签,如@Html.TextBox("Title", Model.Title) 将生成 HTML 标记为<input type="text" id="Title" name="Title" />。

对于如下 Controller 中的代码。

Public ActionResult Edit(int albumId)
{
ViewBag.Price = 56.0;
return View();
}

在 View 中的代码@Html.TextBox("Price")则将生成如下 HTML 代码。

<input id="Price" name="Price" type="text" value="56"/>

其标签的 id 和 name 属性值都与对应的 ViewBag 的属性名对应上,而标签的默认值则与 ViewBag 中的同名属性值(Price)的值一致。

2.Password 辅助方法

Password 辅助方法用于生成密码字段,使用方式与 TextBox 辅助方法相同。

3.Hidden 辅助方法

Hidden 辅助方法用于生成隐藏字段,使用方式与 TextBox 辅助方法相同。

4.DropDownList 辅助方法

DropDownList 用于生成下接列表,如以下示例中,Controller 向 View 输入了两个列表对象,分别放在 ArtistId 和 GenreId 中。

public class ViewDemoController : Controller
{

```
public ActionResult Create()
{
    ViewBag.ArtistId = new SelectList(db.Artist, "ArtistId", "Name");
    ViewBag.GenreId = new SelectList(db.Genre, "GenreId", "Name");
    return View();
}
```

以下 View 中的代码则分别为输入的 ArtistId 和 GenreId 两列表对象生成了下拉列表标签，其中@Html.DropDownList("GenreId", String.Empty)将生成 ViewBag.GenreId 的下拉列表，下拉列表项以 GenreId 列的值为其 value 属性值，以 Name 列的值为其显示的字符串内容。同样的规律应用于@Html.DropDownList("ArtistId", String.Empty)，这两个方法的第 2 个参数设置下拉列表没有默认选中项。

```
@model EBuy.Album
@using (Html.BeginForm()) {
    <fieldset>
        <legend>Album</legend>
        <div class="editor-field">
            @Html.DropDownList("GenreId", String.Empty)
            @Html.ValidationMessageFor(model => model.GenreId)
        </div>
        <div class="editor-field">
            @Html.DropDownList("ArtistId", String.Empty)
            @Html.ValidationMessageFor(model => model.ArtistId)
        </div>
    </fieldset>
}
```

5．ListBox 辅助方法

ListBox 用于生成可多选的下拉列表框，使用方法与 DropDownList 相似。

6．RadioButton 辅助方法

RadioButton 用于生成单选按钮标签。

7．CheckBox 辅助方法

CheckBox 辅助方法用于生成生复选框标签。

5.3.4　显示类辅助方法

显示类辅助方法可以在应用程序中生成指向其他资源的链接，也可以构建被称为部分视图的可重用 UI 片段。

1．ActionLink 和 RouteLink 辅助方法

ActionLink 辅助方法渲染一个指向另一地址的超链接。ActionLink 在后台使用路由 API 来计算生成对应的 URL。

当需要链接到同一个 Controller 的另一个 Action 时，只需指定 Action 的名称即可，代码如下所示。

@Html.ActionLink("连接显示内容", "另一 Action 的名称")

生成的 HTML 代码为<a href="/ControllerName/另一 Action 的名称">连接显示内容</a>

当需要链接到另一 Controller 的指定 Action 时，只需要在上例基础上添加 Controller 名称为第 3 个参数即可，如下所示。

@Html.ActionLink("连接显示内容", "另一 Action 的名称", "另一 Controller 的名称")

当需要向跳转的 URL 提供需要的参数时，以上示例无法满足要求，则通过另一重载形式输入一匿名类型的对象，代码如下所示。

@Html.ActionLink("连接显示内容", "另一 Action 的名称", "另一 Controller 的名称", new {id = 1234}, null)

其中 new {id = 1234}即为创建的匿名类型的对象，传输的参数只有一个，参数名称为 id，参数值为 1234。需要注意的是最后一个 null 是一个 htmlAttributes 类型的参数用来设置 HTML 元素上的特性，在此时可以不传入值，但必须最少提供 null 来调用对应重载版本的辅助方法。

RouteLink 辅助方法与 ActionLink 辅助方法遵循同样的模式，但是 RouteLink 可以接收路由名称而不接收控制器名称和操作名称。如生成跳转到同一个 Controller 的不同 Action 代码如下所示。

@Html.RouteLink("显示链接内容", new {action = "另一 Action 名称"})

其他情况的 RouteLink 代码请读者自行完成以找出其规律。

2．URL 辅助方法

URL 辅助方法与 HTML 的 ActionLink 和 RouteLink 辅助方法相似，但此方法并不以 HTML 标记的形式返回构建的超链接，而是以字符串的形式返回这些 URL。URL 辅助方法包含 Action、Content 和 RouteUrl 三方法。

Action 辅助方法的使用与 ActionLink 非常相似，以下示例得到同一个 Controller 中不同 Action 的 URL 字符串。

@Url.Action("Create")

以下示例得到不同 Controller 中的指定 Action 的 URL 字符串。

@Url.Action("Create", "Store")

以下示例得到指定 Controller 中的指定 Action 并同时输入参数 id=3 的 URL 字符串。

@Url.Action("Details", "Store", new { id = 3 })

RouteUrl 辅助方法与 Action 方法遵循同样的使用模式，但与 RouteLink 一样，接收的是路由信息而不是直接的 Controller 及 Action 的名称。

Content 辅助方法特别有用，因为可以将应用程序的相对路径转换成绝对路径，在需要确保路径在随着程序部署及其他原因影响下仍必须得到正常路径的情况即可使用此方法。

在网站的 Logon 视图中，为引入 JavaScript 文件时能得到正常的文件 URL，使用了以下代码。

```
<script src="@Url.Content("~/Scripts/jquery.validate.min.js")" type = "text/javascript" >
</script>
<script src="@Url.Content("~/Scripts/jquery.validate.unobtrusive.min.js")" type="text/javascript" > </script>
```

传递给 Content 方法的字符串使用了"~"作为走起始字符串，以此从应用程序的根目录开始计算文件路径，则不论应用程序部署的实际位置都能得到正确的文件路径。如果不加"~"则当应用程序不是部署在服务器根目标时,生成的文件路径可能不正确。

3. Partial 和 RenderPartial 辅助方法

Partial 辅助方法用于将分部视图渲染成字符串。Partial 方法有 4 个重载版本,分别为

public void Partial(string partialViewName);
public void Partial(string partialViewName, object model);
public void Partial(string partialViewName, ViewDataDictionary viewData);
public void Partial(string partialViewName, object model, ViewDataDictionary viewData);

在这些方法中,不需要为 View 指定路径和文件的扩展名,运行时引擎自动按照查找 View 的方法找到对应的分部视图。以下示例将在指定的位置显示指定的 MyPartial.cshtml 对应的分部视图。

```
@{    ViewBag.Title = "FirstPartialViewDemo";}
<h2>    应用分部视图示例一</h2>
<h5>    以下是分部视图的内容</h5>
<div>    @Html.Partial("MyPartial")</div>
<h5>    分部视图内容结束</h5>
```

RenderPartial 方法与 Partial 方法非常相似,但 RenderPartial 并不返回字符串,而是直接写入到响应输出流,因此此方法不能直接放在代码表达式中,而是必须放在代码块中。以下示例结果与上例结果一样。

```
@{    ViewBag.Title = "SecondPartialViewDemo";}
<h2>    应用分部视图示例二</h2>
<h5>    以下是分部视图的内容</h5>
<div>
    @{Html.RenderPartial("MyPartial");}
    @*@Html.Partial("MyPartial")*@
</div>
<h5>    分部视图内容结束</h5>
```

Partial 与 RenderPartial 相比较,Partial 使用更简单,但 RenderPartial 具有微弱的性能优势,在大量的 Renderpartial 运行时,才能反映其性能上的优势。

4. Action 和 RenderAction 辅助方法

Action 辅助方法和 RenderAction 类似于 Partial 和 RenderPartial 辅助方法。Partial 通常在单独的文件中应用视图标记来帮助 View 渲染视图模型的一部分,而 Action 是执行单独的 Controller 中的 Action 来显示结果。Action 辅助方法提供了更多的灵活性和重用性,因为 Controller 中的 Action 可以建立不同的 Model,可以利用单独的 Controller 上下文。

以下 View 中应用 Action 辅助方法启动了 ChildActionDemo 这一 Action。

```
<h2>    Html.Action 示例</h2>
```

以下是应用代码 Html.Action("ChildActionDemo")的结果。

```
<h5>    ChildActionDemo 内容开始</h5>
@Html.Action("ChildActionDemo")
<h5>    ChildActionDemo 内容结束</h5>
```

在对应的 ChildActionDemoAction 中,代码如下所示。

```
public ActionResult ChildActionDemo()
{
    var albums = db.Album.Take(10);
    //注意需要返回 PartialView，而不是 View
    return PartialView(albums);
}
```

其中需要注意在被调用的 Action 中，返回的应该是 PartialView 而不是 View，不然被调用的 Action 中返回的 View 的内容将无法显示在页面中。

如果 Action 设计的目的就是只用于在 View 中被 Action 辅助方法调用，那么可以在此 Action 前添加 ChildActionOnly 属性修饰，则直接在请求中调用此 Action 将被禁止。

```
[ChildActionOnly]
public ActionResult ChildActionDemo( )
```

RenderAction 作用与 Action 辅助方法相同，但与 RenderPartial 辅助方法一样，是直接输出内容到输出流的，所以需要写在代码段中。以下示例作用与上例相同。

```
@{    ViewBag.Title = "HtmlRenderActionDemo";}
<h2>    Html.RenderAction 示例</h2>
```

以下通过 ChildActionOnly 辅助方法调用 ChildAction

```
<h5>    ChildAction 内容开始</h5>
@{Html.RenderAction("ChildActionDemo");}
@*@Html.Action("ChildActionDemo")*@
<h5>    ChildAction 内容结束</h5>
```

当被调用的 Action 需要传递参数时，Action 辅助方法与 RenderAction 辅助方法也可以传递相应的参数。

以下示例中 Controller 向 View 中传递名为 id 的参数值，View 中调用同一 Controller 中名为 ChildActionWithParameter 的 ChildAction 时，输入名为 id 的参数，参数值为当前 View 中所得到的 id 参数值。

```
public class ViewDemoController : Controller
{
    public ActionResult HtmlRenderActionWithParameterDemo(int id)
    {
        ViewBag.id = id;
        return View();
    }
}
```

以下为 View 的代码。

```
@{    ViewBag.Title = "HtmlRenderActionWithParameterDemo";}
<h2>    Html.RenderAction 传递参数的示例</h2>
<h5>    ChildActionWithParameter 内容开始</h5>
@{    Html.RenderAction("ChildActionWithParameter", new { id = ViewBag.id });}
<h5>    ChildActionWithParameter 内容结束</h5>
```

以下为 ViewDemoController 中名为 ChildActionWithParameter 的 Action 代码。

```
public ActionResult ChildActionWithParameter(int id = 1)
{
    Album album = db.Album.FirstOrDefault(a => a.AlbumId == id);
    if (album == null)
    {
        return HttpNotFound();
    }
    return PartialView(album);
}
```

5.4 强类型视图

5.4.1 强类型视图

ViewData、ViewBag 及 TempData 使用简单方便，但对于较复杂的应用环境时（包括复杂关系的数据及从 View 反向输入数据到 Controller），则不能较好地满足要求。

以列出音乐商店中的音乐流派功能为例，可以把需要显示的音乐流派数据通过 ViewBag 或 ViewData 传输到 View，然后在 View 中读取出每一条记录并把记录显示到界面中。以下代码为 Controller 中的 Action。

```
public ActionResult ListGenre()
{
    var genres = db.Genre.ToList();
    ViewBag.Genres = genres;
    return View();
}
```

对应 View 中通过循环方式显示所有流派信息的代码如下所示。

```
@using EBuy;
@{     ViewBag.Title = "ListGenre";}
<h2>    音乐流派列表</h2>
<ul>
    @foreach (Genre item in (ViewBag.Genres as IEnumerable<Genre>))
    {
        <li>@item.GenreId ： @item.Name</li>
    }
</ul>
```

使用 dynamic 关键词可以简化代码为

```
@foreach (dynamic item in ViewBag.Genres)
{
    <li>@item.GenreId ： @item.Name</li>
}
```

但如此则对于 item 对象没有智能感知功能可供使用，对于各属性名称必须由开发人员记住并增加了代码输入的拼写错误的可能性。

为了既能应用简洁的语法又能获得强类型和编译时的语法检查功能，强类型视图（Strongly Typed View）则是可以实现的好方法。

使用强类型视图的方法的不同主要体现在以下方面。

1．创建强类型视图

创建强类型视图时，在图 5-1 所示界面中，必须先选择"创建强类型视图"，然后在"模型类"下拉列表中选择需要传递给 View 的参数的数据类型，最后选择"支架模板"为 View 中计划把数据进行处理的对应方式，选择标准详细内容参见表 5-1 所示。

2．数据传递给 View

在 Controller 的 Action 中，需要把强类型数据传递给 View 时，直接在创建 View 的辅助方法中传递对应强类型的对象即可，如下例中把转化为 List 的专辑集合（包括数据类型信息）直接传递给 View，实际上则是赋值给了 View 的 ViewData.Model 属性。

```
public ActionResult Index()
{
    var album = db.Album.Include("Artist").Include("Genre");
    return View(album.ToList());
}
```

3．View 中数据对象处理

使用上一步骤创建好 View 后，View 中首先声明使用哪种类型的模型（Model），注意此处需要能识别类型的全名。此后在 View 的代码中，即可直接通过 Model 属性访问 Action 传递来的数据对象，而且此对象还是强类型的，开发人员可以在 IDE 中利用智能感知技术提高代码编写速度和正确率。以下示例通过 Model 属性把上述 Action 中传递来的数据进行了遍历。

```
@model IEnumerable<EBuy.Album>
@foreach (var item in Model) {
    <tr>
        <td>
            @Html.DisplayFor(modelItem => item.Genre.Name)
        </td>
        <td>
            @Html.DisplayFor(modelItem => item.Artist.Name)
        </td>
        <td>
            @Html.DisplayFor(modelItem => item.Title)
        </td>
        <td>
            @Html.DisplayFor(modelItem => item.Price)
        </td>
        <td>
            @Html.DisplayFor(modelItem => item.AlbumArtUrl)
```

```
            </td>
            <td>
                @Html.ActionLink("Edit", "Edit", new { id=item.AlbumId }) |
                @Html.ActionLink("Details", "Details", new { id=item.AlbumId }) |
                @Html.ActionLink("Delete", "Delete", new { id=item.AlbumId })
            </td>
        </tr>
}
```

对于需要经常使用的命名空间,可以在 Views 文件夹中的 web.config 文件进行声明,声明代码如下所示。

```
<namespaces>
  <add namespace="System.Web.Mvc" />
  <add namespace="System.Web.Mvc.Ajax" />
  <add namespace="System.Web.Mvc.Html" />
  <add namespace="System.Web.Optimization"/>
  <add namespace="System.Web.Routing" />
</namespaces>
```

5.4.2 强类型辅助方法

在 5.3 节中讲解的多种辅助方法,对于不适合使用字符串字面值从 View 数据中提取值的情况,可以使用 ASP.NET MVC 提供的强类型辅助方法。使用强类型辅助方法只需要为辅助方法传递一个 lamdba 表达式来指定要渲染的模型属性。表达式的模型类型必须和为 View 指定的强类型一致。以下示例则是使用强类型辅助方法为数据模型(ViewData.Model 属性)的 Genre 属性对象的 Name 属性添加显示代码。

```
@model IEnumerable<EBuy.Album>
@foreach (var item in Model) {
    <tr>
        <td>
            @Html.DisplayFor(modelItem => item.Genre.Name)
        </td>
    </tr>
}
```

基本上,强类型辅助方法的命名方式是在原辅助名称的最后加上"For"字符串,如"Html.TextBoxFor"或"Html.LabelFor"。以下是主要的强类型辅助方法。

```
Html.TextBoxFor();
Html.TextAreaFor();
Html.DropDownListFor();
Html.CheckboxFor();
Html.RadioButtonFor();
Html.ListBoxFor();
```

Html.PasswordFor();
Html.HiddenFor();
Html.LabelFor();
Html.EditorFor();
Html.DisplayFor();
Html.DisplayTextFor();
Html.ValidationMessageFor()。

在开发过程中，推荐使用强类型辅助方法，并且应用模板生成强类型 View 时，模板生成的代码都自动应用了强类型辅助方法。

5.5 视图模型

视图通常需要显示各种无法直接映射到域模型中定义的模型，例如需要 View 中显示单张音乐专辑的详细信息，而且详细信息中还需要包含创作人员的姓名或团队名称。

显示与 View 主模型无关的额外信息的一种简单方法是把这些数据存放在 ViewBag 属性中。但在需要严格控制流进 View 的数据并使所有数据都是强类型的情况下，特别是需要从 View 中向 Action 回传数据时，这种方法并非最好的选择。

更好的办法是创建自定义的视图模型（View Model）类，再把 View Model 作为 View 的模型类来创建强类型视图。

```
/// <summary>
/// 购物车 ViewModel 类，管理购物车信息
/// </summary>
public class ShoppingCartViewModel
{
    /// <summary>
    /// 购物车中的所有音乐专辑
    /// </summary>
    public IEnumerable<Album> albums { get; set; }
    /// <summary>
    /// 购物车音乐专辑的总价
    /// </summary>
    public decimal CartTotal { get; set; }
}
```

在 Controller 的 Action 中，代码如下所示（所选专辑数据模拟得到）。

```
public class ViewDemoController : Controller
{
    public ActionResult ViewModelDemo()
    {
        var albums = db.Album.Take(10).ToList();
        decimal total = 0;
```

```
        foreach (Album item in albums)
        {
            total += item.Price;
        }
        ShoppingCartViewModel viewModel = new ShoppingCartViewModel()
                                          { Albums = albums, CartTotal = total };
        return View(viewModel);
    }
}
```

在 View 中使用传递得到的 ViewModel 代码如下所示。

```
@using EBuy;
@model EBuy.ViewModels.ShoppingCartViewModel
@{     ViewBag.Title = "ViewModelDemo";}
<h2>     ViewModelDemo</h2>
<fieldset>
    <legend>ShoppingCartViewModel</legend>
    <div class="display-label">           购物车总价        </div>
    <div class="display-field">           @Html.DisplayFor(model => model.CartTotal)</div>
    <div class="display-field">           所选专辑列表：     </div>
    <div>
        <ol>
            @foreach (Album item in Model.Albums)
            {
                <li>@item.Title</li>
            }
        </ol>
    </div>
</fieldset>
```

此外还有 MVVM（Model View View Model）技术，请读者查找相关资源进一步学习。

5.6 分部视图

5.6.1 分部视图的作用

分部视图（Partial View）是指可应用于 View 中以作为其组织部分的 View 的部分（片段）。分部视图可以像类一样，编写一次，然后在其他 View 中被多次反复应用。正是由于分部视图需要被多个不同的 View 所引用，所以分部视图一般放在 "Views/Shared" 文件夹中以共享。

5.3.4 小节中的辅助方法 Partial 和 RenderPartial 就是应用了分部视图，把分部视图作为向客户端返回的 View 中的一部分。

5.6.2 创建分部视图

创建分部视图的方法可用 5.2 节中所述创建 View 的方法，但在如图 5-1 所示的界面中，需要选择"创建为分部视图"即可。

但绝大部分的分部视图由于并不直接对应某个 Action，而且需要放在"Views/Shared"文件夹中，所以更常用的创建方法是右击"Views/Shared"文件夹，在弹出的快捷菜单中，选择"添加/视图"，则弹出如图 5-1 所示一样的界面，选中"创建为分部视图"即可，其他选项的作用与一般 View 的创建是完全一样的。

5.6.3 使用分部视图

在 View 中需要引入分部视图作为 View 的一部分时，可直接应用 Html.Partial 或 Html.RenderPartial 辅助方法(具体应用方法参见 5.3.4 小节中相关内容)，需要注意的是，当 View 中引用了一个或多个分部视图时，此 View 与各分部视图默认得到一样的数据，也就是说 View 及其中的所有分部视图默认情况下共享 View 中的 ViewData 和 ViewBag。

如果需要使 View 和其中引入的分部视图有不同的数据，那么需要通过 Html.Action 辅助方法，并在对应被调用的 Action 中设置对应的数据。

以下分部视图中使用 ViewBag.DateTime 显示时间值。

//分部视图 DateTimePartialView.cshtml 中的代码

分部视图中的时间 ViewBag.DateTime 值：@ViewBag.DateTime

以下是产生返回 View 的 Action 代码，其中设置了 ViewBag.DateTime 的值为当前时间。

```csharp
public class ViewDemoController : Controller
{
public ActionResult SharedDataDemo()
{
    ViewBag.DateTime = DateTime.Now;
    return View();
}
}
```

以下是 SharedDataDemo 这一 Action 的 View 代码。

@{   ViewBag.Title = "SharedDataDemo";}
<h2>   SharedDataDemo</h2>
主 View 中的时间值 ViewBag.DateTime:@ViewBag.DateTime
<div>
    以下是使用 Html.Action 引入的分部视图：
    @Html.Action("PartialViewDate")
</div>
<div>
    以下是直接引用分部视图：
    @Html.Partial("DateTimePartialView")
</div>

以下是被调用的 PartialViewDate 这一 Action 的代码，其中设置了同名的数据

ViewBag.DateTime 为当前时间加 5 分钟,其值与 SharedDataDemo 中的值不一样。

```
[ChildActionOnly]
public ActionResult PartialViewDate()
{
    ViewBag.DateTime = DateTime.Now.AddMinutes(5);
    return PartialView("DateTimePartialView");
}
```

执行结果如图 5-3 所示,由此可知如何实现 View 与内部的分部视图进行数据共享,如何使 View 与内部的分部视图设置不同的数据。

SharedDataDemo
主View中的时间值ViewBag.DateTime:2013/12/14 21:45:35
以下是使用Html.Action引入的分部视图:分部视图中的时间ViewBag.DateTime值: 2013/12/14 21:50:37
以下是直接引用分部视图:分部视图中的时间ViewBag.DateTime值: 2013/12/14 21:45:35

图 5-3 数据共享及隔离

5.7 Razor 视图引擎

5.7.1 视图引擎

由于 Controller 仅仅准备数据并通过返回一个 ViewResult 的实例来决定显示哪个 View,而 View 显示的结果则由视图引擎来处理。

视图引擎提供了一个特定的语法来和服务器端的元素共同工作,并且加工 View 以实现在浏览器中呈现 HTML。ASP.NET MVC 4 包括两个视图引擎:原始 ASPX 视图引擎,它的工作类似于 Web 窗体应用程序中的语法,和新的 Razor 视图引擎,它使用了一个简单的紧凑语法,很容易使用。

视图引擎虽然不局限于使用 CSHTML 页面,也不局限于渲染 HTML 页面,但仍是其最重要的工作。

5.7.2 Razor 概述

Razor 视图引擎是自 ASP.NET MVC 3 开始新扩展的内容,并且成为了默认的视图引擎。Razor 是一个干净的、轻量级的、简单的视图引擎,不包含原有 Web Forms 视图引擎中的"语法累赘",最大限度地减少了语法和额外的字符,并且在视图标记语言中几乎没有新的语法规则,在 Visual Studio 2010 中又开始为 Razor 添加了新的智能感知支持,使其使用起来更为方便。

Razor 通过理解标记的结构来实现代码和标记之间尽可能顺畅的转换。下例中演示了包含少量的视图逻辑的简单 Razor 视图。

```
@model EBuy.ViewModels.ShoppingCartViewModel
@{      ViewBag.Title = "ViewModelDemo";}
    <div>
        <ol>
            @foreach (Album item in Model.Albums)
            {
                <li>@item.Title</li>
```

                }
            </ol>
        </div>

这个示例中，采用了 C#语法，所以文件的后缀名为.cshtml，如果使用的是 Visual Basic 语法，则文件的后缀名为.vbhtml。

5.7.3 代码表达式

Razor 的核心转换字符是@。@既用作标记—代码的转换字符，也用作代码—标记的转换字符。在转换过程中，有代码表达式和代码块两种基本类型的转换。Razor 能求出表达式的值，然后将值写入到响应中。

上例中的<li>@item.Title</li>代码中，@item.Title 即是隐式代码表达式并自动进行求解，然后在 HTML 中输出当前循环时对应专辑的标题。需要注意的是，在此不需要指出代码表达式的结束位置，对应于此语句的 Web Forms 表达式只能使用显式代码表达式，同样效果的代码是<li><%: item.Title</li>。

Razor 具有很高的智能，可以知道表达式后面的空格或 HTML 标记等不是一个有效的标识符，所以可以对表达式之后的字符自动转回到标记语言。<li>@item.Title.length</li>与<li>@item.Title .Length</li>，由于后一个表达式中 Title 属性后跟有一个空格，所以 Razor 处理的结果是"'item.Title 值'.Length"。

对于 Razor 的字符转换能力，需要注意一些二义性。

    @{   string rootNamespace = "EBuy";}
    <h5>@rootNamespace.Newstring</h5>

以上示例中，实际需要的输出结果是<h5>EBuy.Newstring</h5>，但实际处理时由于变量 rootNamespace 只是 string 类型，没有 Newstring 属性，所以运行时会提示错误。为了达到实际需要的结果，需要把@rootNamespace.Newstring 中的@rootNamespace 作为一个独立的部分，而其后的".Newstring"作为一般的字符串而不是 Razor 转换字符串的一部分，所以处理方法是把@rootNamespace 中的表达式用括号括起来以使其成为显式代码表达式，最终代码为

    <h5>@(rootNamespace).Newstring</h5>

对于电子邮箱地址的表达式，如 administrator@demo.com，如果要在 View 中直接显示此字符串，并不需要像上例一样进行特殊处理，因为 Razor 能识别基本格式的电子邮箱地址而不会作为表达式进行处理。但对于特殊的邮箱地址或者为了确保会被作为电子邮箱地址处理，那么可以把@作为转义字符用，用@@来代表实际的@，邮箱地址写成 administrator@@demo.com。

正是由于电子邮箱地址这种特殊结果，所以以下代码反而可能引起二义性：

    <li>item_@item.Title<li>

代码原设计需要的结果是字符串"item_'专辑名称'"，但实际上会被 Razor 处理成电子邮箱地址。为了达到原定需求，也可以使用括号来指明想要处理的表达式，此代码需要改写成以下形式：

    <li>item_@(item.Title)<li>

此外，还需要注意 twitter 中的处理语句等以@开头的内容，如：

    <p> 你可以 @JusinBieber，@Adam 或者@Jack<p>

Razor 会把这些以@开头的字符串作为隐式表达式来处理而引起错误，此时又需要使用@@来进行转义而写成：

```
<p> 你可以 @@JusinBieber，@@Adam 或者@@Jack<p>
```

5.7.4 HTML 编码

由于系统需要用户输入各种数据，所以 Web 应用程序会有潜在的脚本注入攻击（XSS），为了提高系统的安全性，Razor 表达式是用 HTML 编码的。

以下代码

```
@{
    ViewBag.Title = "HtmlCodeDemo";
    string message = "<script language=javascript>alert('如果你看到的是弹出的对话框。你被 XSS 攻击了！哈哈哈');</script>";
}
<h2>    Html 编码示例</h2>
<div>
    以下是直接使用@@message 输出的内容：@message
</div>
```

代码执行结果为

以下是直接使用@message 输出的内容：<script language=javascript>alert('如果你看到的是弹出的对话框。你被 XSS 攻击了！哈哈哈');</script>

对于的确需要输出 JavaScript 代码的需求，则可以应用@Html.Raw()辅助方法，代码如下所示：

```
<div>
    以下是使用@@Html.Raw()辅助方法输出的内容:@Html.Raw(message)
</div>
```

把以上两例代码放在一起运行后的结果如图 5-4 所示。

图 5-4 HTML 编码

其中的对话框由@Html.Raw(message)执行了 JavaScript 代码而产生。

以下示例原设计是把用户输入的数据（ViewBag.UserInput），放入 message 变量中，然后再把 message 变量的值设置到 ID 属性为 "message" 的 DOM 元素中，成为其 HTML 内容。虽然 Razor 进行了 HTML 编码，但对于特殊的用户输入，仍可能引起 XSS 攻击，为此，仍需要使用 @Ajax.JavaScriptStringEncode 方法进行编码。

```
<script type = "text/javascript">
$(function (){
    var message = '这是用户输入内容：@ViewBag.UserInput';
    $("#message").html(message).show('slow');
});
</script>
```

代码改进后应该如下所示：

```
<script type = "text/javascript">
$(function (){
    var message =
        '这是用户输入内容：@Ajax.JavaScriptStringEncode ( ViewBag.UserInput )';
    $("#message").html(message).show('slow');
});
</script>
```

5.7.5 代码块

Razor 除了支持代码表达式，还支持代码块。在前述的示例中有以下代码。

```
@model EBuy.ViewModels.ShoppingCartViewModel
@{    ViewBag.Title = "ViewModelDemo";}
    <div>
        <ol>
            @foreach (Album item in Model.Albums)
            {
                <li>@item.Title</li>
            }
        </ol>
    </div>
```

其中，

```
@{    ViewBag.Title = "ViewModelDemo";}
```

及

```
@foreach (Album item in Model.Albums)
{
<li>@item.Title</li>
}
```

都是代码块。

代码块的应用模板一般都是以下样式：

```
@{
//需要执行的代码或执行的代码与 HTML 标记的混合语句块
}
```

一般而言代码块是用于需要通过 C#代码或 VB 代码完成一系列处理的场景，但还有需要经常使用代码块的是 Html.RenderPartial 和 Html.RenderAction 辅助方法，因为这类方法的执行结果并不输出为 HTML 代码，而是直接写到输出流中，为此，如果需要把执行结果显示在 View 中，就需要把这些辅助方法的调用代码放在代码块中。

5.7.6 Razor 语法

Razor 代码表达式和代码块都以@为开头，为了用好 Razor 引擎，需要对 Razor 语法的主要内容进行了解。

1．隐式代码表达式

代码表达式将被计算并将值写入到响应中，也就是 View 中显示计算值的一般方法，以下是隐式代码表达式在 Razor 和 Web Forms 中的代码对比。

Razor：　<h5>@item.Title</h5>

Web Forms：　<h5><%: item.Title %></h5>

Razork 中的隐式代码表达式总是采用 HTML 编码方式进行。

2．显式代码表达式

显式代码表达式一般将需要计算的表达式放在@( )中，这也常常是当隐式代码表达式会引起二义性时所使用的方法，以下是显式代码表达式的写法。

Razor：　<li>item_@(item.Title)<li>

Web Forms：　<li>item_<%: item.Title %><li>

3．无编码代码表达式

对于需要不使用 HTML 编码的内容，可以采用 Html.Raw 辅助方法来实现，以下是对应的代码写法。

Razor：
<div>
    以下是使用@@Html.Raw()辅助方法输出的内容:@Html.Raw(message)
</div>

Web Forms：
<div>
    以下是使用 Web Forms 输出的内容:<%= message %>
</div>

4．代码块

代码块是简单的执行代码部分的代码，不像代码表达式那样直接输出计算结果到响应中。对于声明需要使用的变量等有明确的作用。

Razor：
@foreach (Album item in Model.Albums)
{
<li>@item.Title</li>
}

Web Forms：
<% foreach (Album item in Model.Albums)
{ %>
<li> <%:   item.Title %></li>
<% } %>

5．文本和标记混合

以下是文本与标记混合的代码写法。

Razor：
@foreach (Album item in Model.Albums)
{

```
<li>专辑名称：@item.Title</li>
}
```
Web Forms：
```
<% foreach (Album item in Model.Albums)
{ %>
<li>专辑名称：<%:   item.Title %></li>
<% } %>
```

6．混合代码和文本

对于需要直接输入文本的地方，直接写文本内容对于 Razor 来说不符合语法要求，需要使用特定写法。

Razor：
```
@foreach (Album item in Model.Albums)
{
<br/>
<text>专辑名称：</text>@item.Title
}
```
或者
```
@foreach (Album item in Model.Albums)
{
<br/>
@:专辑名称：  @item.Title
}
```

Web Forms：
```
<% foreach (Album item in Model.Albums)
{ %>
<br/>专辑名称：<%:   item.Title %>
<% } %>
```

对于 Razor 而言，第一种写法是直接把需要输出的文本内容放在<text>标记内，此时标记内的文本内容将会直接输出，<text>标记本身则并不会输出。

7．转义字符

Razor 在需要输入@字符本身时，需要使用转义字符；而 Web Forms 在输出"<"">"时需要使用转义字符。

Razor：请通过 Twitter 联系我@Jack
或
请通过 Twitter 联系我@@Jack
Web Forms：<%括号内的内容%>

8．服务器端的注释

Razor 为注释一块代码和标记提供了一个服务器端的注释，此注释内的内容将不会出现在客户端。注释的写法为"@* 被注释的内容 *@"。

```
@{Html.RenderAction("ChildActionDemo");}
@*结果与@Html.Action("ChildActionDemo")一样*@
```

9．调用泛型方法

在调用泛型方法时，需要在代码中使用"< >"，但此代码会导致 Razor 不按泛型处理，所以需要使用小括号把代码括起来，也就是使用显式代码表达式的方法。

Razor：@(Html.辅助方法名称<泛型名称>( ))

Web Forms：<%: Html.辅助方法名称<泛型名称>( ) %>

5.7.7 布局

Razor 的布局技术有助于使应用程序中的多个 View 保持一致的外观，其作用与 Web Forms 中的母版页是相同的，但布局提供了更加简洁的语法和更高的灵活性。

可以使用布局为网站定义公共模板（或其中的一部分），公共模板包含一个或多个占位符，应用程序中的其他 View 为其提供内容。

以下示例即为一个简单的布局文件的代码。

```html
<!DOCTYPE html>
<html lang="zh">
<head><title>@ViewBag.Title</title></head>
<body>
        <section class="content-wrapper main-content clear-fix">
                @RenderBody()
        </section>
</body>
</html>
```

代码与一个一般的 Razor 定义的 View 代码很相似，但其中使用了@RenderBody()方法，这将用来标记使用这个布局的 View 将把它们自身内容显示到此处。ASP.NET MVC 4 中默认的布局文件为"Views/Shared/_Layout.cshtml"。

要使用这个布局时，需要在 View 中添加代码：

```
@{
    Layout = "~/Views/Shared/_Layout.cshtml";
    ViewBag.Title = "我的音乐商店";
}
<h2>以下是我的专辑列表</h2>
```

此 View 应用对应的布局文件，则此 View 中的主体内容为"<h2>以下是我的专辑列表</h2>"，将显示到布局文件中对应的@RenderBody()位置处，最后此 View 的 HTML 代码为

```html
<!DOCTYPE html>
<html lang="zh">
<head><title>我的音乐商店</title></head>
<body>
        <section class="content-wrapper main-content clear-fix">
                <h2>以下是我的专辑列表</h2>
        </section>
```

```
</body>
</html>
```

如果把布局文件看作为一个某些地方被挖空的模板，那么应用此布局文件的 View 就相当于把自身对应的内容填充到模板中被挖空的部分，与日常生活的模板不同的是，布局文件的模板中被挖空的部位的大小和形状将由实际的 View 中的对应内容来确定。

为了提高模板的灵活性，布局文件中可以有多个节（实际项目和需求中往往有多个节的应用），以下代码是在上例的基础上添加了一个新的节。

```
<!DOCTYPE html>
<html lang="zh">
<head><title>@ViewBag.Title</title></head>
<body>
    <section class="content-wrapper main-content clear-fix">
        @RenderBody()
    </section>
    <footer>@RenderSection("Footer")</footer>
</body>
</html>
```

如果直接使用上例中用过的 View，那么运行时会抛出一个异常，因为 View 中没有对应的 Footer 节，而布局文件需要这一节的内容以填充到模板中的对应位置（占位符），因此需要对应地修改 View 文件代码如下所示。

```
@{
    Layout = "~/Views/Shared/_Layout.cshtml";
    ViewBag.Title = "我的音乐商店";
}
<h2>以下是我的专辑列表</h2>
@section Footer{
这是填充在布局文件中名为 Footer 节的内容。
}
```

运行后，HTML 代码为

```
<!DOCTYPE html>
<html lang="zh">
<head><title>我的音乐商店</title></head>
<body>
    <section class="content-wrapper main-content clear-fix">
        <h2>以下是我的专辑列表</h2>
    </section>
    <footer>这是填充在布局文件中名为 Footer 节的内容。</footer>
</body>
</html>
```

这种方法定义的布局文件要求 View 必须提供所有对应的节，对于部分 View 来说，可能有些节是不需要的，但仍必须在代码中编写对应的内容，导致开发人员的不方便。为此，RenderSection 方法提供了一个重载形式，通过第 2 个参数（bool 类型）以允许指定不需要的节，当此值为 false 时，此节是可选的。代码修改为

RenderSection("Footer", false)

更进一步，如果需要对于 View 中没有定义对应的节时，提供默认内容显示到最后的 HTML 中，那么可以使用以下代码来替换前例中布局文件的<footer>节。

```
<footer>
@if (IsSectionDefined("Footer"){
    RenderSection("Footer");
}
else{
    <h5>这是默认的填充到占位符中的内容。</h5>
}
</footer>
```

5.8 模型绑定

ASP.NET MVC 通过模型绑定（Model Binding）机制来解析客户端传输来的数据，而数据的解析则由 DefaultModelBinder 类完成，此类能完成绝大部分的数据绑定工作，此外在很少的特殊情况下，需要通过自定义实现 IModelBinder 接口的绑定类完成数据绑定工作。

对于简单的数据绑定，请参见 2.6.3 小节中的内容，本部分仅展示对于复杂模型的绑定技术。

在 ASP.NET MVC 中，DefaultModelBinder 类能将窗口数据对应到复杂的 .NET 类，这些 .NET 类可以是含有多个属性的 Model 类，也可以是一个 List<T> 类。

5.8.1 强类型视图模型绑定

在 StoreController 中，为完成添加新的音乐流派，创建了两个名为 Create 的 Action，其中一个用于创建用户输入音乐流派的界面，另一个使用[HttpPost]修饰的 Action 则是接收到用户输入的新的音乐流派信息后，实际完成新流派数据处理的 Action。

由于对应的 View 为 Create.cshtml，其为强类型视图，所以自动生成的 HTML 代码如下所示。

```
@using (Html.BeginForm()) {
    @Html.ValidationSummary(true)
    <fieldset>
        <legend>Genre</legend>
        <div class="editor-label">@Html.LabelFor(model => model.Name) </div>
        <div class="editor-field">
            @Html.EditorFor(model => model.Name)
            @Html.ValidationMessageFor(model => model.Name)
        </div>
        <div class="editor-label">@Html.LabelFor(model => model.Description) </div>
        <div class="editor-field">
```

```
            @Html.EditorFor(model => model.Description)
            @Html.ValidationMessageFor(model => model.Description)
        </div>
        <p> <input type="submit" value="Create" /></p>
    </fieldset>
}
```

提交数据到对应的 Action，其代码如下所示。

```
public ActionResult Create(Genre genre)
{
    if (ModelState.IsValid)
    {
        db.Genre.AddObject(genre);
        db.SaveChanges();
        return RedirectToAction("Index");
    }
    return View(genre);
}
```

View 中收集的用户输入数据被自动地填充到创建的类型为 Genre 的对象中，然后传递到此 Action 时，又自动地把此 Genre 对象传递给了 Action 对应方法的参数 genre，由此自动完成了数据的传输，把界面中的数据绑定到 Action 中的 Model 中。

5.8.2 非强类型视图模型绑定

对于非强类型视图进行复杂模型绑定时，由于 View 中没有使用强类型，所以 View 中的 HTML 代码内容与强类型不一样，但却一样能自动地通过 DefaultModelBinder 实现复杂类型的 Model 绑定。

在 StoreController 中添加两个新的 Action，名为 AnotherCreate，以完成添加新的音乐流派功能，其代码分别如下所示。

```
[HttpPost]
public ActionResult AnotherCreate(Genre genre)
{
    db.Genre.AddObject(genre);
    db.SaveChanges();
    return RedirectToAction("Index");
}

public ActionResult AnotherCreate()
{
    return View();
}
```

为对应的 Action 创建非强类型的 View，其代码如下所示。

```
@{
    ViewBag.Title = "AnotherCreate";
}

<h2>未使用强类型的 View 实现复杂类型数据绑定</h2>
@using (Html.BeginForm()) {
    <fieldset>
        <legend>Genre</legend>
        <div class="editor-label">流派名称</div>
        <div class="editor-field">
            <input id="Name" name="Name" type="text" value="" />
        </div>

        <div class="editor-label">流派说明</div>
        <div class="editor-field">
            <input id="Description" name="Description" type="text" value="" />
        </div>

        <p><input type="submit" value="Create" /></p>
    </fieldset>
}

<div>@Html.ActionLink("Back to List", "Index")</div>

@section Scripts {
    @Scripts.Render("~/bundles/jqueryval")
}
```

访问 Store/ AnotherCreate，界面如图 5-5 所示。

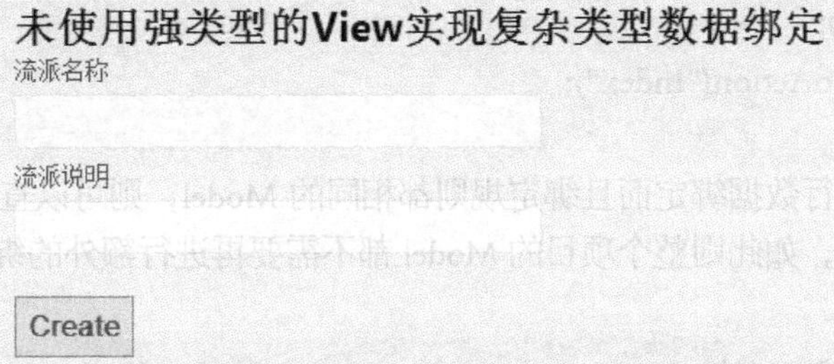

图 5-5 创建新音乐流派界面

当单击 View 中的 Create 按钮后，DefaultModelBinder 自动根据 Action 的要求，确定需要传递一个 Genre 类型的复杂 Model 对象，而目前 View 中没有直接对应的 Model 对象，因此 DefaultModelBinder 就通过收集用户输入数据，然后自动创建一个 Genre 类型的 Model 对象。在创建此 Model 对象时，需要填充对象的各个属性，为此需要把 View 中用户输入的数据进行解析并对应 Genre 类型的各个属性，对应的规则是"标记名与属性名对应"，也即 View 中 HTML 标记名称与对应类型（Genre 类）中的属性名对应，因此 name 为 Name 的 HTML 标记的值被填充到 Genre 类型对象的 Model 对象的 Name 属性，而 name 为 Description 的 HTML 标记的值被自动填充到 Genre 类型的 Model 对象的 Description 属性。对于 HTML 标记的 Id 属性，则没有对应的同名要求。

因此需要注意，在开发 View 中的 HTML 代码时，需要"以习惯替代配置"，习惯于用对应 Model 类型的属性名作为 HTML 标记的 name 属性值。

5.8.3 控制可被更新的 Model 属性

复杂模型绑定过程中，可能需要限制 Model 中只有部分属性能被自动绑定数据，此时需要使用 Bind 属性来实现，例如上例中的 Genre 类型，如果要限制 Description 属性值不会自动绑定数据，那么可以修改 Action 的代码如下所示。

```
[HttpPost]
public ActionResult AnotherCreate([Bind(Exclude="Description")]Genre genre)
{
    db.Genre.AddObject(genre);
    db.SaveChanges();
    return RedirectToAction("Index");
}
```

Exclude 属性值指定的是被限制进行数据绑定的属性名称列表，需要限制多个属性时，属性名称之间通过英文逗号分隔开。

代码执行后，被添加到系统的新的音乐流派，不论用户是否在界面中输入了流派的说明内容，所有的 Description 属性值都为空。

同样的方法，把 Exclude 换成 Include 则可以用于指定只有 Model 的哪些属性被绑定数据，以下代码作用与上例相同。

```
[HttpPost]
public ActionResult AnotherCreate([Bind(Include="Name")]Genre genre)
{
    db.Genre.AddObject(genre);
    db.SaveChanges();
    return RedirectToAction("Index");
}
```

对于多处需要进行数据绑定而且绑定规则都相同的 Model，则可以直接在 Model 的定义中添加相应的绑定规则，如此则整个项目的 Model 都不需要再进行额外的绑定限制声明了，代码如下所示。

```
[Bind(Include="Name")]
public class Genre
{
    public string Name{get;set;}
    public string Description{get;set;}
}
```

本章小结

本章内容主要是展示 View 是如何生成用户界面以及实现数据传递的相关技术的。创建 View 时需要注意设置对应的参数以控制 View 的类型，在 View 中需要注意使用好 HTML 辅助方法以提高代码开发速度以及用户友好性。对于强类型视图，可以很方便地完成复杂数据的交互，可通过分部视图的方法实现界面代码的重用。此外对于常用的 Razor 视图引擎的主要语法进行了展示。

习题

5-1　HTML 辅助方法主要有哪些，各自的使用方法如何？
5-2　如何生成强类型视图？
5-3　分部视图如何创建？如何应用到其他 View 中？

综合案例

概述

本章将在上一章综合案例的基础上完成 ASP.NET MVC 网上书店的书籍管理功能，包括显示全部书籍列表、查看书籍详细信息和添加新书籍的视图。

主要任务

- 实现显示全部书籍列表
- 实现查看书籍详细信息
- 实现编辑书籍信息
- 实现添加新书籍
- 实现删除书籍

实施步骤

1. 修改 Index.cshtml 视图，实现显示全部书籍列表功能

打开试图模板文件"Index.cshtml"，此视图将显示一个表格，列出书店中的全部书籍并包括"编辑"、"书籍明细"和"删除"的链接。我们将删除一些不需要显示的字段，并调整页面代码，最终的"Index.cshtml"视图模板代码如下：

```
@model IEnumerable<MvcBookStore.Models.Books>
@{
    ViewBag.Title = "书籍管理";
}
<h2>书籍管理</h2>
<p>
    @Html.ActionLink("新建", "Create")
```

```
            </p>
            <table>
                <tr>
                    <th>
                        类别
                    </th>
                    <th>
                        作者
                    </th>
                    <th>
                        书名
                    </th>
                    <th>
                        单价
                    </th>
                    <th></th>
                </tr>
            @foreach (var item in Model) {
                <tr>
                    <td>
                        @Html.DisplayFor(modelItem => item.Categories.Name)
                    </td>
                    <td>
                        @Html.DisplayFor(modelItem => item.Authors)
                    </td>
                    <td>
                        @Html.DisplayFor(modelItem => item.Title)
                    </td>
                    <td>
                        @Html.DisplayFor(modelItem => item.Price)
                    </td>
                    <td>
                        @Html.ActionLink("编辑", "Edit", new { id=item.BookId }) |
                        @Html.ActionLink("书籍明细", "Details", new { id=item.BookId }) |
                        @Html.ActionLink("删除", "Delete", new { id=item.BookId })
                    </td>
                </tr>
            }
            </table>
```

往书籍种类数据库表和书籍数据库表中添加一些数据,然后运行项目,并访问

"/StoreManager/Index"地址，将能够看到如图5-6所示的页面，至此显示全部书籍列表功能开发完成。

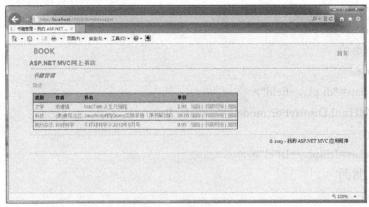

图 5-6　书籍列表页面

2. 修改 Details.cshtml 视图，实现查看书籍详细信息功能

打开试图模板文件"Details.cshtml"，此视图将显示书籍详细信息。同样，我们在现有视图模板的基础上，删除一些不需要显示的字段，并调整页面代码，最终的"Details.cshtml"视图模板代码如下：

```
@model MvcBookStore.Models.Books
@{
    ViewBag.Title = "书籍信息";
}
<h2>书籍信息</h2>
<fieldset>
    <legend>书籍</legend>
    <div class="display-label">
        类别
    </div>
    <div class="display-field">
        @Html.DisplayFor(model => model.Categories.Name)
    </div>
    <div class="display-label">
        作者
    </div>
    <div class="display-field">
        @Html.DisplayFor(model => model.Authors)
    </div>
    <div class="display-label">
        书名
    </div>
```

```
            <div class="display-field">
                @Html.DisplayFor(model => model.Title)
            </div>
            <div class="display-label">
                单价
            </div>
            <div class="display-field">
                @Html.DisplayFor(model => model.Price)
            </div>
            <div class="display-label">
                封面
            </div>
            <div class="display-field">
                @Html.DisplayFor(model => model.BookCoverUrl)
            </div>
        </fieldset>
        <p>
            @Html.ActionLink("编辑", "Edit", new { id=Model.BookId }) |
            @Html.ActionLink("返回", "Index")
        </p>
```

运行项目，并访问"/StoreManager/Index"地址，然后单击任意一本书籍条目中的"书籍明细"链接，将能够看到如图 5-7 所示的页面。

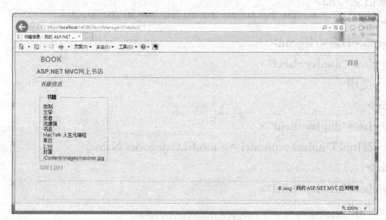

图 5-7　书籍明细页面

3. 修改 Edit.cshtml 视图，实现编辑书籍详细信息功能

打开视图模板文件"Edit.cshtml"，此视图将显示书籍信息编辑表单。同样，我们在现有视图模板的基础上，调整页面代码，最终的"Edit.cshtml"视图模板代码如下：

```
@model MvcBookStore.Models.Books
@{
    ViewBag.Title = "编辑书籍";
```

```
}
<h2>编辑书籍</h2>
@using (Html.BeginForm()) {
    @Html.ValidationSummary(true)
    <fieldset>
        <legend>书籍</legend>
        @Html.HiddenFor(model => model.BookId)
        <div class="editor-label">
            类别
        </div>
        <div class="editor-field">
            @Html.DropDownList("CategoryId", String.Empty)
            @Html.ValidationMessageFor(model => model.CategoryId)
        </div>
        <div class="editor-label">
            书名
        </div>
        <div class="editor-field">
            @Html.EditorFor(model => model.Title)
            @Html.ValidationMessageFor(model => model.Title)
        </div>
        <div class="editor-label">
            作者名
        </div>
        <div class="editor-field">
            @Html.EditorFor(model => model.Authors)
            @Html.ValidationMessageFor(model => model.Authors)
        </div>
        <div class="editor-label">
            价格
        </div>
        <div class="editor-field">
            @Html.EditorFor(model => model.Price)
            @Html.ValidationMessageFor(model => model.Price)
        </div>
        <div class="editor-label">
            封面
        </div>
        <div class="editor-field">
            @Html.EditorFor(model => model.BookCoverUrl)
```

```
            @Html.ValidationMessageFor(model => model.BookCoverUrl)
        </div>
        <p>
            <input type="submit" value="保存" />
        </p>
    </fieldset>
}
<div>
    @Html.ActionLink("返回", "Index")
</div>
@section Scripts {
    @Scripts.Render("~/bundles/jqueryval")
}
```

运行项目，并访问"/StoreManager/Index"地址，然后单击任意一本书籍条目中的"编辑"链接，将能够看到如图 5-8 所示的页面。

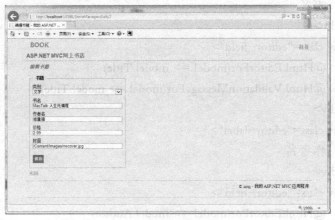

图 5-8　书籍编辑页面

4. 修改 Create.cshtml 视图，实现添加新书籍功能

打开视图模板文件"Create.cshtml"，此视图将显示添加书籍信息的表单。我们还是在现有视图模板的基础上，调整页面代码，最终的"Create.cshtml"视图模板代码如下：

```
@model MvcBookStore.Models.Books
@{
    ViewBag.Title = "新建书籍";
}
<h2>新建书籍</h2>
@using (Html.BeginForm()) {
    @Html.ValidationSummary(true)
    <fieldset>
        <legend>新建</legend>
        <div class="editor-label">
```

```
            种类
        </div>
        <div class="editor-field">
            @Html.DropDownList("CategoryId", String.Empty)
            @Html.ValidationMessageFor(model => model.CategoryId)
        </div>
        <div class="editor-label">
            作者
        </div>
        <div class="editor-field">
            @Html.EditorFor(model => model.Authors)
            @Html.ValidationMessageFor(model => model.Authors)
        </div>
        <div class="editor-label">
            书名
        </div>
        <div class="editor-field">
            @Html.EditorFor(model => model.Title)
            @Html.ValidationMessageFor(model => model.Title)
        </div>
        <div class="editor-label">
            单价
        </div>
        <div class="editor-field">
            @Html.EditorFor(model => model.Price)
            @Html.ValidationMessageFor(model => model.Price)
        </div>
        <div class="editor-label">
            封面
        </div>
        <div class="editor-field">
            @Html.EditorFor(model => model.BookCoverUrl)
            @Html.ValidationMessageFor(model => model.BookCoverUrl)
        </div>
        <p>
            <input type="submit" value="新建" />
        </p>
    </fieldset>
}
<div>
```

```
        @Html.ActionLink("返回", "Index")
</div>
@section Scripts {
    @Scripts.Render("~/bundles/jqueryval")
}
```

运行项目,并访问"/StoreManager/Index"地址,然后单击书籍列表上面的"新建"链接,将能够看到如图 5-9 所示的页面。

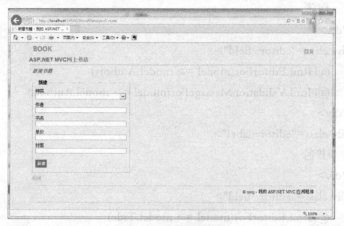

图 5-9 新建书籍页面

5. 修改 Delete.cshtml 视图,实现编辑书籍详细信息功能

打开视图模板文件"Delete.cshtml",此视图将显示确认删除书籍条目的表单。像上面一样在现有视图模板的基础上,调整页面代码,最终的"Delete.cshtml"视图模板代码如下:

```
@model MvcBookStore.Models.Books
@{
    ViewBag.Title = "删除书籍";
}
<h2>删除书籍</h2>
<h3>确定要删除下列书籍吗? </h3>
<fieldset>
    <legend>Books</legend>
    <div class="display-label">
        类别
    </div>
    <div class="display-field">
        @Html.DisplayFor(model => model.Categories.Name)
    </div>
    <div class="display-label">
        作者
    </div>
    <div class="display-field">
```

```
        @Html.DisplayFor(model => model.Authors)
    </div>
    <div class="display-label">
        书名
    </div>
    <div class="display-field">
        @Html.DisplayFor(model => model.Title)
    </div>
    <div class="display-label">
        单价
    </div>
    <div class="display-field">
        @Html.DisplayFor(model => model.Price)
    </div>
    <div class="display-label">
        封面
    </div>
    <div class="display-field">
        @Html.DisplayFor(model => model.BookCoverUrl)
    </div>
</fieldset>
@using (Html.BeginForm()) {
    <p>
        <input type="submit" value="确定" /> |
        @Html.ActionLink("返回", "Index")
    </p>
}
```

运行项目,并访问"/StoreManager/Index"地址,然后单击书籍列表上面的"删除"链接,将能够看到如图 5-10 所示的页面,在此页面上单击确定按钮将会删除当前书籍条目。

图 5-10 删除书籍页面

第 6 章 数据验证

本章导读

ASP.NET MVC 中的视图（View）负责向用户呈现操作界面、收集数据并传回服务器。在用户使用过程中，由于用户疏忽或恶意原因，用户输入数据对系统可能存在各种隐患，因此需要对从用户界面收集的数据进行各种规则的验证，确保数据符合系统要求。

本章将介绍如何实现对用户输入数据进行有效性验证的技术。

本章要点

- 数据有效性验证流程
- 验证属性
- 自定义验证类的实现及重用
- 数据模型扩充

6.1 MVC 数据验证概述

Web 应用程序必须对用户输入进行验证，不仅需要在客户端进行验证，在服务器端也需要进行验证。客户端进行验证会对用户向表单中输入的数据给出即时的反馈，提高用户体验；在服务器端进行用户输入验证除了服务器端验证可以实现更复杂的验证逻辑外，主要是由于来自网络的数据是不能信任的。

用户输入数据的验证既包括逻辑验证，也需要实现用户友好的错误提示信息，当验证失败时，把提示信息显示到用户界面上，而且还需要提供从验证失败中恢复的机制。

ASP.NET MVC 进行验证最主要的是关注验证模型的值。ASP.NET MVC 验证框架是可扩展的，可以采用开发人员想要的方式构建验证模式，默认的方法是声明式验证。

在进行用户输入的有效性验证时，主要验证流程如下所述。

1. 用户提交数据时在客户端浏览器中进行验证，验证操作包括：

（1）验证所有必须填写的内容是否已填写；

（2）验证数据的格式是否符合要求，例如验证电子邮箱地址格式，必须是"*@*.*"，其中的每个"*"部分内容都不能为空；

（3）如果可验，则验证数据的数据类型，例如对于日期数据验证是否是正确的 Date 类型格式；

（4）如果发现有数据是无效的，则立即反馈如何修改无效数据为有效数据的信息给客户，但数据不提交给服务器，当用户修改所有数据符合验证要求后，用户才能把数据提交给服务器。

2. 当所用客户端验证都通过后，数据被提交给服务器；

3. 在服务器端对数据按服务器的验证要求进行数据有效性验证，以保证数据符合业务规则的要求以及请求数据中不包含潜在的攻击。如果数据验证失败，则数据不会按业务流程进行处理而是会把验证的错误信息反馈回客户端，让用户进行必要的修改；

4. 当服务器端对数据有效性验证通过后，业务处理流程才继续进行，最终显示一个处理结果的 View 或下载文件等。

用户输入数据有效性验证的流程图如图 6-1 所示。

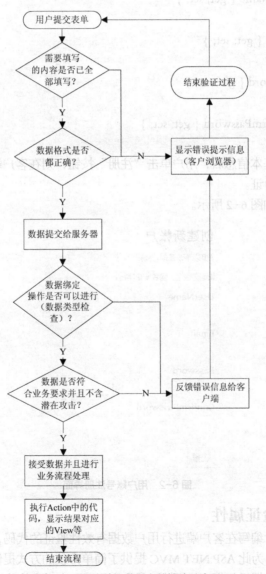

图 6-1　用户输入数据有效性验证流程

6.2 验证属性的使用

每个系统都会有用户账号管理功能,用户账号的创建及管理对其中的数据都有相应的要求,在向服务器提交时都需要进行有效性验证。

本章使用 ASP.NET Membership Framework 中的用户账号管理功能来实现用户账号管理。用户账号信息包含众多的信息,在注册用户账号时,并不需要设置全部的账号信息,因此对应的创建用户账号的 View 中只需要部分用户账号信息,因此设计对应的 ViewModel,命名其类名为 RegisterModel,代码如下所示。

```
public class RegisterModel
{
//用户登录名
public string UserName { get; set; }
//邮箱地址
public string Email { get; set; }
//密码
public string Password { get; set; }
//确认密码
public string ConfirmPassword { get; set; }
}
```

在填写用户账号基本信息后,用户单击"注册"按钮,则在客户端和服务器都需要对这些基本信息进行有效性验证。

注册账号的界面如图 6-2 所示。

图 6-2 用户账号注册界面

6.2.1 添加验证属性

如果开发人员自行编写在客户端进行用户数据有效性验证的代码,则不仅工作繁琐,而且很可能会有各种漏洞,为此 ASP.NET MVC 提供了简单方便的方式提供用户输入数据有效性验证功能,主要通过对数据添加相应的属性,并在客户端配合对应的验证用 JavaScript 代码库。

由于 JavaScript 代码库已由 IDE 在创建项目时提供，所以开发人员主要是在 ViewModle 中为各属性添加需要的各种属性以确定各属性必须满足的各种有效性验证要求。

对于用户账号的注册功能，AccountController 提供了对应的两个配套 Action，代码如下所示，其中支持 Get 方式请求的 Register，用于显示填写注册界面，仅支持 POST 请求的 Register 则接收用户输入数据，由对应数据构建一个数据类型名为 RegisterModel 的 ViewModel 对象，并作为参数传回到服务器，并完成实际的注册账号业务操作过程。在注册账号业务过程中，如果注册成功，则跳转到 HomeController 的 Index 这一 Action；如果注册失败则添加失败信息并返回到填写注册信息界面；如果用户数据在服务器端验证失败，则直接返回到填写注册信息界面，用户修改信息后再次提交注册请求。

```
public class AccountController : Controller
{
    public ActionResult Register()
    {
        return View();
    }

    [HttpPost]
    public ActionResult Register(RegisterModel model)
    {
        if (ModelState.IsValid)
        {
            // 尝试注册用户
            MembershipCreateStatus createStatus;
            Membership.CreateUser(model.UserName,
                model.Password, model.Email, null, null, true, null, out createStatus);
            if (createStatus == MembershipCreateStatus.Success)
            {
                FormsAuthentication.SetAuthCookie(model.UserName,
                                    false /* createPersistentCookie */);
                return RedirectToAction("Index", "Home");
            }
            else
            {
                ModelState.AddModelError("", ErrorCodeToString(createStatus));
            }
        }
        // 如果我们进行到这一步时某个地方出错，则重新显示表单
        return View(model);
    }
}
```

对应 Get 请求的 Register 这一 Action 的 View 关键性代码为

```
@model MVC3App.Models.RegisterModel
<script src="@Url.Content("~/Scripts/jquery.validate.min.js")" type="text/javascript"></script>
<script src="@Url.Content("~/Scripts/jquery.validate.unobtrusive.min.js")"
        type="text/javascript"></script>
@using (Html.BeginForm()) {
    @Html.ValidationSummary(true, "帐户创建不成功。请更正错误并重试。")
    <div>
        <fieldset>
            <legend>帐户信息</legend>
            <div class="editor-label">@Html.LabelFor(m => m.UserName)</div>
            <div class="editor-field">
                @Html.TextBoxFor(m => m.UserName)
                @Html.ValidationMessageFor(m => m.UserName)
            </div>
            <div class="editor-label">@Html.LabelFor(m => m.Email)</div>
            <div class="editor-field">
                @Html.TextBoxFor(m => m.Email)
                @Html.ValidationMessageFor(m => m.Email)
            </div>
            <div class="editor-label">@Html.LabelFor(m => m.Password)</div>
            <div class="editor-field">
                @Html.PasswordFor(m => m.Password)
                @Html.ValidationMessageFor(m => m.Password)
            </div>
            <div class="editor-label">@Html.LabelFor(m => m.ConfirmPassword)</div>
            <div class="editor-field">
                @Html.PasswordFor(m => m.ConfirmPassword)
                @Html.ValidationMessageFor(m => m.ConfirmPassword)
            </div>
            <p>                              <input type="submit" value="注 册" /></p>
        </fieldset>
    </div>
}
```

其中通过两个 Url.Content 辅助方法把进行客户端有效性验证需要使用的 JQuery 代码库引入到页面中，通过 Html.ValidationSummary 辅助方法来显示可能产生的错误信息，通过 Html.ValidationMessageFor 辅助方法来处理对应各数据的有效性验证失败的提示信息。此外没有添加额外的用户输入数据有效性验证的代码。

在目前的情况下，当用户提交数据时，客户端并不会进行数据的有效性验证，因为页面实际上并没有提出有效性验证的需求。

在使用强类型 View 的界面中要提出数据有效性要求的方式很简单，直接在对应此 View 的强类型 Model 中的对应属性添加对应的有效性验证属性即可。

注册功能中的 ViewModel 对于其中各属性的值，除 ConfirmPassword 属性外都不能为空，因此在各属性前添加对应验证属性修饰"Required"特性即可，代码如下所示。

```
public class RegisterModel
{
    [Required]
    public string UserName { get; set; }
    [Required]
    public string Email { get; set; }
    [Required]
    public string Password { get; set; }
    public string ConfirmPassword { get; set; }
}
```

如果不填写任何数据直接单击"注册"按钮，则在客户端自动完成有效性验证，认为 UserName、Email 和 Password 三个属性都违背了有效性要求，因此将显示提示信息，界面如图 6-3 所示。

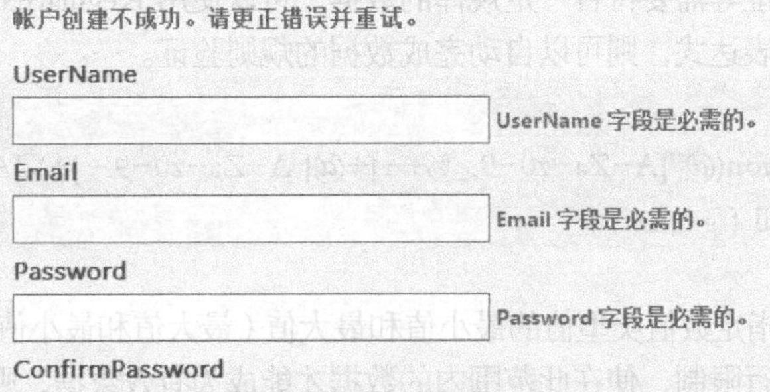

图 6-3 客户端验证失败

当客户端的浏览器由于禁用了 JavaScript 脚本而无法进行有效性验证，直接把空数据提交给服务器，则服务器的注册功能实际执行的 Action，即 AccountController 中的 Register(RegisterModel model) 这一 Action，也由于应用了 ModelState.IsValid 这一属性进行服务器端的有效性验证判断，自动应用 ViewModel 中各属性设定的验证规则进行了有效性验证，无效数据（空数据）不会被写入到系统中。

由此，ASP.NET MVC 由三个部分代码完成了客户端和服务器端的用户输入数据有效性验证的全过程，此三部分代码为

1. View 中使用的强类型 Model 对应的类中各属性使用验证属性；
2. View 中引入对应的客户端验证用 JQuery 代码；
3. 服务器对应 Action 中使用 ModelState.IsValid 来判断用户输入数据的有效性。

6.2.2 常用验证属性

实际应用中，有效性验证的规则不仅仅是必须填写内容，为此 ASP.NET MVC 提供了以下几种主要的验证属性可供直接应用。

1．Required 属性

此属性确保被修饰的属性在验证时必须不为空，否则验证失败。

2．StringLength 属性

使用 Required 属性可以控制输入数据不为空，但无法限制输入数据的最大长度，因为在数据库中实际保存的字段的值一般都会有长度限制，为此可以使用 StringLength 属性，其写法如下所示。

```
[Required]
[StringLength(100)]
public string Password { get; set; }
```

此时密码长度最大不超过 100 个字符。为了提高用户账号的安全性，一般对于用户密码的最短长度也提出要求，比如最小 6 个字符，那么可以在 StringLength 中添加对应属性修饰，代码如下所示。

```
[Required]
[StringLength(100, MinimumLength = 6)]
public string Password { get; set; }
```

3．RegularExpression 属性

对于电子邮箱地址等需要符合一定规律的数据，可以使用 RegularExpression 属性，并在属性中设定对应的正则表达式，则可以自动完成数据的规则验证。

```
[Required]
 [RegularExpression(@"[A-Za-z0-9._%+-]+@[ A-Za-z0-9.-]+\.[A-Za-z]{2,4}")]
public string Email { get; set; }
```

4．Range 属性

Range 属性用来指定数值类型值的最小值和最大值（最大值和最小值都包含在范围内）。例如需要对客户年龄进行限制，使在此范围内的数据才能成为有效数据，则可使用以下代码：

```
[Range(18, 60)]
public int Age {get; set;}
```

以下代码则是对商品价格进行限制。

```
[Range(typeof(decimal), "0.0", "100.0")]
public decimal Price {get; set;}
```

5．DataType 属性

对于部分数据还可以直接通过限制其 C#数据类型的子集合，例如对于电子邮箱地址，除了可以使用正则表达式进行验证外，还可以简单地直接限制为 DataType.EmailAddress 类型，代码改写为以下样式。

```
[Required]
[DataType(DataType.EmailAddress)]
public string Email { get; set; }
```

具体可以使用的样式可以 IDE 中通过智能感知技术列出，在此不罗列。

6．Compare 属性

对于同一 Model 类型内的两属性值之间需要保证一致的验证要求，如用户账号注册时的 ViewModel，要求确认密码与密码必须一致，以防止用户输入密码时发生与自己想要设置的密码值不一致的情况，此时可以对 ConfirmPassword 属性使用相应的验证属性，此属性必须设置另一比较用属性的属性名，代码如下所示。

```
[Compare("Password")]
public string ConfirmPassword { get; set; }
```

6.2.3 自定义错误提示消息及其本地化

以上验证如果失败，则会显示一些对于最终用户来说并不友好的错误提示消息，例如其中可能会有英文单词、计算机专业词汇等。为此，每个验证属性都允许传递一个带有自定义错误提示消息的参数，这一参数在上一小节示例的代码基础上，直接添加在原有参数的后面，并用英文的逗号分隔，参数名为 ErrorMessage。

对于上一小节各示例设置自定义错误提示消息的代码如下所示：

```
[Required(ErrorMessage = "用户名不能为空")]
public string UserName { get; set; }


[Required]
[DataType(DataType.EmailAddress, ErrorMessage="邮件地址格式不正确")]
public string Email { get; set; }


[Required]
[StringLength(100, MinimumLength = 6, ErrorMessage = "密码必须至少包含 6 个字符。")]
[DataType(DataType.Password)]
public string Password { get; set; }


[DataType(DataType.Password)]
[Compare("Password", ErrorMessage = "密码和确认密码不匹配。")]
public string ConfirmPassword { get; set; }
```

在编写错误提示信息的过程中，可以使用带有格式项占位符（{0}）的错误提示消息，运行时，此占位符将自动使用被修饰的属性名所替换，例如密码提示信息改为以下格式：

```
[Required]
[StringLength(100, MinimumLength = 6, ErrorMessage = "{0}必须至少包含{2}个字符。")]
[DataType(DataType.Password)]
public string Password { get; set; }
```

其中的占位符{0}将使用属性名"Password"替换，而后一个占位符{2}则将被验证属性中的第 2 个参数（参数序号从 1 开始计数）的值替换，本例中为 MinimumLength 的值 6。

但在提示信息中，属性名由此则为英文，为此需要实现提示消息的本地化，提高用户友好度。除了使用一般的资源本地化方法进行本地化外，此处还可以很简单地实现本地化，直接在属性名上使用 Display 属性，按照属性的显示名称，此属性不会改变代码的运行属性名，仅改变显示的属性名。

完成后的 RegisterModel 类代码如下所示。

```csharp
public class RegisterModel
{
    [Required]
    [Display(Name = "用户名")]
    public string UserName { get; set; }

    [Required]
    [DataType(DataType.EmailAddress, ErrorMessage = "邮件地址格式不正确")]
    [Display(Name = "电子邮件地址")]
    public string Email { get; set; }

    [Required]
    [StringLength(100, MinimumLength = 6, ErrorMessage = "{0} 必须至少包含 {2} 个字符。")]
    [DataType(DataType.Password)]
    [Display(Name = "密码")]
    public string Password { get; set; }

    [DataType(DataType.Password)]
    [Display(Name = "确认密码")]
    [Compare("Password", ErrorMessage = "密码和确认密码不匹配。")]
    public string ConfirmPassword { get; set; }
}
```

运行后的界面如图 6-4 所示。

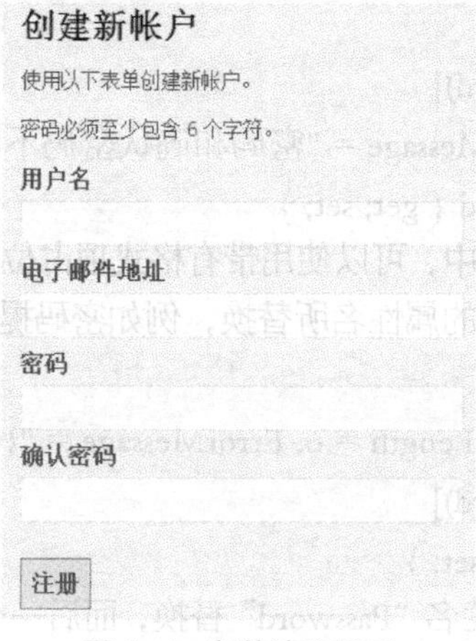

图 6-4 新的注册界面

发生验证失败时的界面如图 6-5 所示。

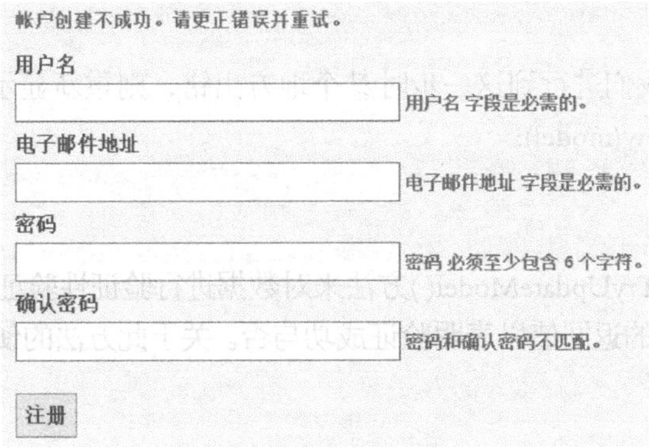

图 6-5 新的提示信息

注意界面也由于 Html 的强类型辅助方法在执行时，自动计算各属性的名称而得到了显示名称，因而发生了改变，不再是 View 中所使用的 ViewModel 属性的真实名称，改而显示对应的显示名称。当然，这种方法实现的本地化并不是最好的本地化，因为本地化字符串被写成硬编码了，有关通过资源文件实现本地化的技术，请参见其他的相关内容。

6.2.4 控制器操作和验证错误

在数据被提交到服务器后，Controller 通过 Action 控制了 Model 在验证失败（也就是用户输入数据验证失败）和验证成功后的流程。在验证成功后，程序将把数据保存到系统中，当验证失败后，一般会重新显示对应的 View，这时显示错误提示信息。用户注册账号的对应 Action 代码如下所示，正是按照这一处理逻辑处理。

```
public class AccountController : Controller
{
    [HttpPost]
    public ActionResult Register(RegisterModel model)
    {
        if (ModelState.IsValid)
        {
            // 尝试注册用户
            MembershipCreateStatus createStatus;
            Membership.CreateUser(model.UserName, model.Password,
                    model.Email, null, null, true, null, out createStatus);
            if (createStatus == MembershipCreateStatus.Success)
            {
                FormsAuthentication.SetAuthCookie(model.UserName, false);
                return RedirectToAction("Index", "Home");
            }
            else
            {
                ModelState.AddModelError("", ErrorCodeToString(createStatus));
            }
```

```
            }
            // 如果我们进行到这一步时某个地方出错，则重新显示表单
            return View(model);
        }
    }
```

此外，还可以使用 TryUpdateModel( )方法来对数据进行验证性验证，此方法有 10 种重载形式，全部返回 bool 类型的返回值以表明验证成功与否。关于此方法的使用，请读者查阅 MSDN 自行完成。

6.3 自定义验证

ASP.NET MVC 框架具有良好的扩展性，可以实现自定义验证逻辑。一般自定义验证的实现方法主要为
- 将验证逻辑封装在自定义的验证属性中；
- 将验证逻辑封装在模型对象中。

把验证逻辑封装在自定义验证属性中可以轻松地实现在多个模型中重用验证逻辑；而将验证逻辑直接放入模型对象中，则可以较容易地编码实现，但这种方式不利于实现验证逻辑的重用。

6.3.1 自定义验证属性

在本章的音乐商店中，用户的电子邮箱地址的最大长度需要进行限制，虽然 ASP.NET MVC 中已有限制长度的验证属性类，但本例为说明自定义验证属性类的开发，仍以字符串长度验证属性类开发为例，开发出来的自定义验证字符串长度的验证属性类可以实现重用。

所有的自定义验证属性类最终都派生自基类 ValidationAttribute，这是一个抽象类，定义在命名空间 System.ComponentModel.DataAnnotations 中。

为了使开发的自定义验证属性类能用于各个项目，本例的自定义验证属性类创建在新的类库项目 ValidationLib 中，并在 EBuy 项目中添加对此类库项目的引用，为了能引用命名空间 System.ComponentModel.DataAnnotations 及类 ValidationAttribute，需要先在项目中添加对 System.ComponentModel.DataAnnotations 组件的引用。

创建自定义验证属性类 MaxLengthAttribute，代码如下所示：

```
using System.ComponentModel.DataAnnotations;
namespace ValidationLib
{
    public class MaxLengthAttribute : ValidationAttribute
    {
    }
}
```

注意：自定义验证属性类的类名需要以 Attribute 为结尾。

为了实现验证逻辑，属性类中最少需要重写基类中的 IsValid 方法，在 IsValid 方法中，利用 ValidationContext 参数，此参数提供了很多可以在方法内部使用的信息，如模型类型、模型对象实例、显示名称以及其他有用信息。

```csharp
public class MaxLengthAttribute : ValidationAttribute
{
    protected override ValidationResult IsValid(object value,
                                    ValidationContext validationContext)
    {
        return ValidationResult.Success;
    }
}
```

方法的第 1 个参数 value 是要被验证的对象的值，如果这个对象的值是有效的，就可以返回一个成功的验证结果，但是在判断它是否有效前，需要知道在实际应用时，对字符串最大长度的限制要求，为使自定义验证属性类能获得这一上限要求，可以通过向这个属性类添加一个构造函数来要求开发人员将字符串最大长度作为一个参数传递给这个类。

```csharp
public class MaxLengthAttribute : ValidationAttribute
{
    /// <summary>
    /// 最大长度
    /// </summary>
    private readonly int maxLength;
    public MaxLengthAttribute(int maxLength)
    {
        this.maxLength = maxLength;
    }
    protected override ValidationResult IsValid(object value,
                                    ValidationContext validationContext)
    {
        return ValidationResult.Success;
    }
}
```

在接下来需要应用设定的最大长度来判断被验证的值是否有效，因而更改 IsValid 方法如下所示：

```csharp
public class MaxLengthAttribute : ValidationAttribute
{
    private readonly int maxLength;
    public MaxLengthAttribute(int maxLength)
    {
        this.maxLength = maxLength;
    }
    protected override ValidationResult IsValid(object value,
                                    ValidationContext validationContext)
    {
```

```
            if (value != null)
            {
                string valueAsString = value.ToString();
                if (valueAsString.Length <= maxLength)
                {
                    return new ValidationResult("输入的内容太多了！");
                }
            }
            return ValidationResult.Success;
        }
    }
```

为了测试使用自定义验证属性的效果，修改 EBuy 项目中的注册用户账号功能，把 MaxLengthAttribute 类应用到注册功能中名为 RegisterModel 的 ViewModel 中的 Email 属性上，代码如下所示：

```
public class RegisterModel
{
    [Required]
    [Display(Name = "电子邮件地址")]
    [MaxLength(4)]
    public string Email { get; set; }
    //其他属性，在此省略，不写出
}
```

注意：在应用自定义属性类时，类名不要写上类名结尾的 Attribute 字符串。

在注册界面中，输入电子邮箱地址栏输入长度大于 4 个字符的内容，单击"注册"按钮，显示如图 6-6 所示的错误信息。

图 6-6 自定义验证属性类的使用结果

为了进一步控制错误信息的显示，可以在被验证的 Model 对应属性中添加 ErrorMessage 属性，代码如下所示：

```
public class RegisterModel
{
    [Required]
    [Display(Name = "电子邮件地址")]
    [MaxLength(4 , ErrorMessage = "{0} 输入了太多的内容！")]
    public string Email { get; set; }
```

```
//其他属性，在此省略，不写出
}
```

程序再次运行可以看到如图 6-7 所示，错误提示信息已被修改。

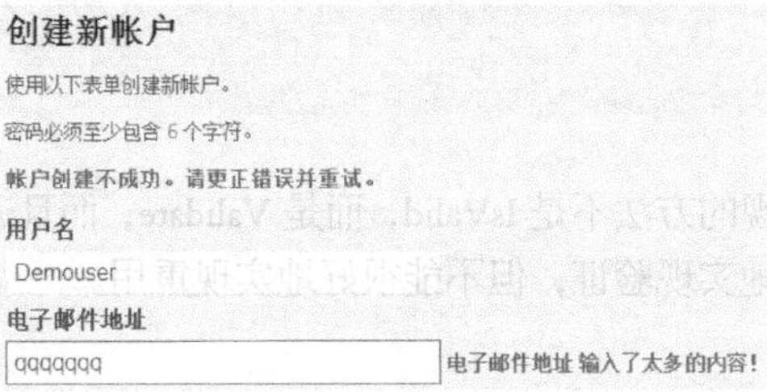

图 6-7 自定义验证属性类的自定义错误提示信息

自定义验证属性类只是向 Model 提供了一种逻辑验证的方式，验证功能可以直接重用到各应用程序中，但这各验证方式主要仅能用于服务器端实现，客户端的验证实现需要采取其他补充技术，如客户端用 JavaScript 技术实现。

6.3.2 IValidatableObject

将验证逻辑封装在模型对象中的方法也就是自验证模型技术，自验证模型主要是 Model 自身知道如何验证自身的模型对象。一个 Model 通过实现 IValidatableObject 接口来实现对自身的验证。

下例是在 Order 这一 Model 中直接实现对 ClientName 这一属性长度的验证：

```
using System.Collections.Generic;
using System.ComponentModel.DataAnnotations;
namespace EBuy.Models
{
    public class ValidationOrder : IValidatableObject
    {
        public string ClientName { get; set; }
        private readonly int maxLength;
        public ValidationOrder(int maxLength, string clientName)
        {
            this.maxLength = maxLength;
            this.ClientName = clientName;
        }
        public IEnumerable<ValidationResult> Validate(ValidationContext validationContext)
        {
            if (ClientName != null)
            {
                if (ClientName.Length > maxLength)
                {
                    yield return new ValidationResult("客户姓名太长了");
                }
```

```
            }
            yield return ValidationResult.Success;
        }
    }
}
```

自验证模型中需要实现的方法不是 IsValid，而是 Validate，而且返回值类型也不同。使用自验证模型技术，能更方便地实现验证，但不能很好地实现重用。

6.4 扩充基于 Entity Framework 的数据模型

随着模板和自动代码生成技术的应用，有许多应用中都通过各类工具生成一些类（如 Entity Framework 等各类 ORM 技术生成的基本数据模型中的类），但这些类可能难以满足全部的要求，所以需要扩充这些工具生成的数据模型类。

在实际开发过程中，虽然可以通过手工修改工具生成的类来满足开发的要求，但一般情况下，不应用手工去修改工具生成的类，因为开发过程中很可能需要多次通过工具重新生成这些类，那么在重新生成时，这些类中手工修改的内容就会自动被清除。

因此，可以利用部分类（Partial Class）的辅助机制来实现对 Entity Framework 生成类（也就是应用于系统的各 Model 类）的扩充，也可以通过 Metadata 来实现对 Model 进行再定义。

6.4.1 应用 partial 扩展原有 Model

在原有项目中，已有注册用户账号所需要的 Model 类 RegisterModel，但这个类中没有定义用户的昵称，现在如果客户需要提供昵称这一额外的要求，那么如何在不修改原有类中内容的情况下添加昵称属性呢？

首先，添加一个新的类文件，其中定义类 RegisterModel，并使其与原有 RegisterModel 类在同一个命名空间中：MVC3App.Models，然后编译系统，则提示有"命名空间'MVC3App.Models'已经包含了'RegisterModel'的定义"的语法错误。

为此，修改这两个类，在声明时，添加 partial 关键字，修改后类的声明语句都如下所示：

```
public partial class RegisterModel
{
//...
}
```

然后，在新添加的类定义中添加需要添加的新属性 NickName，最终代码如下所示：

```
using System.ComponentModel.DataAnnotations;
namespace MVC3App.Models
{
public partial class RegisterModel
{
    [Display(Name = "昵称")]
    public string NickName { get; set; }
}
```

}
在 AccountController 中添加新的注册用 Action：RegisterForExtend，代码如下所示：
```
public ActionResult RegisterForExtend()
{
return View();
}
```
再添加对应的 View，添加时，使用模型类 RegisterModel 创建强类型视图 RegisterForExtend，其 HTML 代码与原有 Register 的 HTML 代码相对比，添加了如下所示代码以填写昵称：

```
<div class="editor-label">         @Html.LabelFor(m => m.NickName)         </div>
<div class="editor-field">         @Html.EditorFor(m => m.NickName)         </div>
```

运行结果如图 6-8 所示。

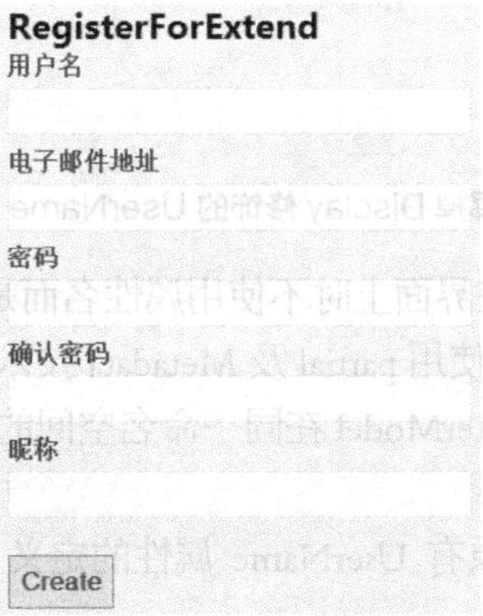

图 6-8 添加昵称扩展属性

由此应用 partial 技术完成了对 Model 添加新属性的需求，此方法实际就是.NET 中通用的 partial 技术。

6.4.2 定义 Model 的 Metadata

除了为原有 Model 添加新属性的需求外，还有很多的情况是对原有 Model 中已定义的属性进行各种控制和限制，此时，仅用 partial 则无法达到要求，必须依赖于 Metadata 技术对原有 Model 进行更改。

Metadata 用于定义 Model 的显示名称（Display）、数据长度（StringLength）等相关属性，Metadata 可直接应用 DataAnnotations 机制对 Model 进行辅助定义，常用的验证属性可参见 6.2.2 小节的中内容。

为应用本例技术，先把 EBuy 案例中原有的用户账号注册功能使用的 RegisterModel 这一 ViewModel 中的 UserName 属性进行修改，注释掉原有的数据验证要求及显示名称，改后的代码如下所示。

```
public partial class RegisterModel
{
//[Required]
//[Display(Name = "用户名")]
public string UserName { get; set; }
```

//其余属性...
}

运行程序,打开地址 Account/Register,可以看到如图 6-9 所示的注册界面,其中由于 UserName 属性的 Display 修饰已注释掉,所以此属性通过 View 中的@Html.LabelFor(m => m.UserName)代码生成在界面上的标签内容直接应用了属性名 UserName。

图 6-9 注释掉 Display 修饰的 UserName 属性显示结果

如果需要使 UserName 显示在界面上时不使用属性名而是"用户名",而且不能修改系统中原有的 RegisterModel 类,则需要使用 partial 及 Metadata 技术共同完成。

首先,添加一个与原有 RegisterModel 在同一命名空间的同名类,并为类添加 partial 修饰,使其成为部分类。

然后在新添加的类中,添加原有 UserName 属性的定义,并为其添加验证修饰属性及显示用 Display 修饰,代码如下所示:

```
public partial class RegisterModel
{
[Required]
[Display(Name = "用户名")]
public string UserName { get; set; }
}
```

编译系统将发现"类型'MVC3App.Models.RegisterModel'已经包含'UserName'的定义"这一语法错误,必须采取其他方法才能实现对原有 UserName 属性进行控制。

为此使用 Metadata 对原有 RegisterModel 进行重新定义,修改新添加的 RegisterModel 类,其代码如下所示。

```
using System.ComponentModel.DataAnnotations;
namespace MVC3App.Models
{
    [MetadataType(typeof(RegisterModelMetadata))]
    public partial class RegisterModel
    {
        private class RegisterModelMetadata
        {
            [Required]
```

```
                [Display(Name = "用户名")]
                public string UserName { get; set; }
            }
        }
    }
```

其中，对 RegisterModel 类应用[MetadataType(typeof(RegisterModelMetadata))]进行修饰，此语句将把 RegisterModelMetadata 类的定义与原有的 RegisterModel 进行合并操作，把定义的内部类 RegisterModelMetadata 中 UserName 与对应同名的 UserName 属性进行合并，实现对原有的 UserName 属性添加验证属性 Reguired 及 Dislay 修饰。

运行原有的注册操作，则注册界面与原有的图 6-4 一致，在不输入用户名的情况下单击"注册"按钮，则由于 UserName 属性不能为空的验证规则要求，将显示验证错误信息，界面如图 6-5 所示。

可以用同样的方法对 RegisterModel 类中其他属性进行修饰和控制。

本章小结

本章内容主要是展示如何实现对数据进行验证的技术，由于 MVC 中主要通过 Model 实现数据的传递，所以主要也就是对 Model 进行相应的属性有效性验证。在进行数据验证时，可以分客户端和服务器端分别进行有效性验证，在 View、Model 及 Controller 中分别添加对应的代码，相互配合完成数据的有效性验证。常用的验证规则包括"不能为空"、"最大长度"、"数值规范"、"用户自定义规则"等多种。此外还可以通过扩展技术实现用户自定义的验证，及扩充基于 Entity Framework 的数据模型。所有这些技术的关键在于按照相应的开发规则进行。

习题

6-1　实现数据有效性验证的主要步骤有哪几步？
6-2　如何实现自定义验证并使自定义验证代码能够方便地实现重用？
6-3　如何对系统中通过工具自动生成的 Model 进行扩充？

综合案例

概述

本章将对现有的 ASP.NET MVC 网上书店项目进行一些改进，包括自定义文本截断功能和使用验证属性。

主要任务

- 实现书籍列表的文本自动截断
- 改善数据验证

实施步骤

1. 修改 Index.cshtml 视图，实现书籍列表的文本自动截断

现在的项目中，显示全部书籍列表页面有一个潜在的问题。如果书名或者作者名太长，将会破坏整个页面表格的结构，如图 6-10 所示。

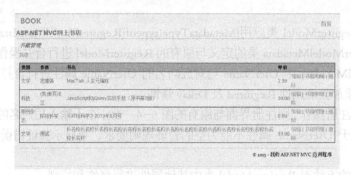

图 6-10 书籍名称太长的情况

我们将创建自定义函数以便在文本过长的时候能自动截断文本，如图 6-11 所示。

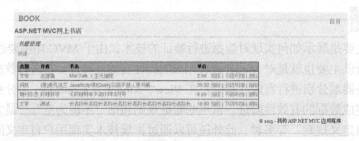

图 6-11 使用文本自动截断后的情况

Razor 的@helper 语法可以很容易地创建您自己的 helper 函数以用于您的视图。打开/Views/StoreManager/Index.cshtml 视图，然后在 @model 行后直接添加以下代码。

```
@helper Truncate(string input, int length)
{
    if (input.Length <= length)
    {
        @input
    }
    else
    {
        @input.Substring(0, length)<text>...</text>
    }
}
```

此函数检查输入字符串是否大于允许的最大长度，如果输入的字符串比指定的长度短则直接输出，如果太长则截断文本并用"…"替换截断的部分。

现在我们可以使用该方法以确保作者名长度不大于 10，书籍名长度不大于 25。完整的视图代码如下。

```
@model IEnumerable<MvcBookStore.Models.Books>
```

```
@helper Truncate(string input, int length)
{
    if (input.Length <= length)
    {
        @input
    }
    else
    {
        @input.Substring(0, length)<text>...</text>
    }
}
@{
    ViewBag.Title = "书籍管理";
}
<h2>书籍管理</h2>
<p>
    @Html.ActionLink("新建", "Create")
</p>
<table>
    <tr>
        <th>
            类别
        </th>
        <th>
            作者
        </th>
        <th>
            书名
        </th>
        <th>
            单价
        </th>
        <th></th>
    </tr>
@foreach (var item in Model) {
    <tr>
        <td>
            @Html.DisplayFor(modelItem => item.Categories.Name)
        </td>
        <td>
```

```
                    @Truncate(item.Authors,10)
                </td>
                <td>
                    @Truncate(item.Title,25)
                </td>
                <td>
                    @Html.DisplayFor(modelItem => item.Price)
                </td>
                <td>
                    @Html.ActionLink("编辑", "Edit", new { id=item.BookId }) |
                    @Html.ActionLink("书籍明细", "Details", new { id=item.BookId }) |
                    @Html.ActionLink("删除", "Delete", new { id=item.BookId })
                </td>
            </tr>
    }
</table>
```

2. 使用 Metadata 验证属性

在现有的项目中，运行项目并浏览 StoreManager/Index 页面，单击左上角的"新建"链接进入新建书籍的页面，如果我们什么内容都不填写，直接单击"确定"按钮，页面上将会出现默认的数据验证提示，如图 6-12 所示。

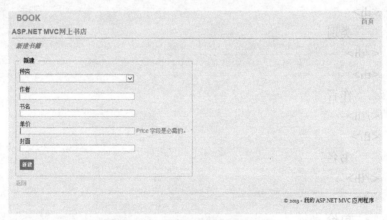

图 6-12 现有的数据验证提示信息

这个错误提示的内容并不是我们想要的，这个错误提示是由 ASP.NET MVC 框架结合实体数据模型自动生成的，如果我们想要自定义这些错误提示，最好的办法就是使用 Metadata 验证属性。

本章中提到，验证属性是直接写在实体类的代码中的，但在本项目中，实体类是直接由实体数据模型框架自动生成的，直接修改其代码并不方便，最好的解决方法就是新创建一个与实体类有相同属性名的类，然后利用 Metadata 属性将验证属性转移到实体类上。

具体做法为，创建一个 Books 实体类的部分类，然后在这个部分类中新创建一个名为 BooksMetadata 的类，让该类有和 Books 实体类同名的属性，然后对 BooksMetadata 类的属性定义验证特性，最后用 Metadata 验证属性将验证特性传递到 Books 实体类中。具体代码如下：

```
[MetadataType(typeof(BooksMetadata))]
public partial class Books
{
    private class BooksMetadata
    {
        [Required(ErrorMessage="必须填写书名！")]
        public string Title { get; set; }
        [ScaffoldColumn(false)]
        [Required(ErrorMessage = "必须填写价格！")]
        [RegularExpression(@"\d+(\.){0,1}\d{0,2}",
                            ErrorMessage="请输入正确的价格格式！")]
        public decimal Price { get; set; }
        [Required(ErrorMessage = "必须填写作者！")]
        public string Authors { get; set; }
    }
}
```

上述代码编写完成后，编译运行整个项目并浏览 StoreManager/Index 页面，单击左上角的"新建"链接进入新建书籍的页面，如果我们什么内容都不填写，直接单击"确定"按钮，页面上将会出现我们自定义的数据验证提示，如图 6-13 所示。

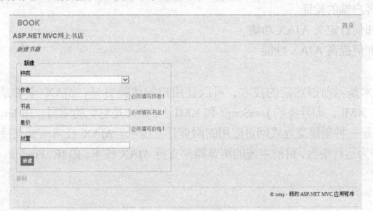

图 6-13　改进后的数据验证提示信息

第 7 章 应用 AJAX

本章导读

本章将介绍 AJAX 辅助方法的用法，以及客户端的验证，如何自定义 AJAX 功能，如何提高 AJAX 性能。

本章要点

- 掌握 AJAX 辅助方法的用法
- 掌握客户端的验证
- 掌握如何自定义 AJAX 功能
- 了解如何提高 AJAX 性能

AJAX 技术是当前很热门的技术，可以让用户的体验更好，AJAX 全称是 Asynchronous JavaScript And XML，即异步的 JavaScript 和 XML，AJAX 是它们的缩写，由 Jesse James Gaiiett 创造的名词，是一种创建交互式网页应用的网页开发技术。AJAX 技术需要支持 AJAX 技术的 Web 浏览器作为运行平台，目前主流的浏览器都支持 AJAX 技术，如 IE、Firefox、Safari、Chome、Opera 等。

7.1 AJAX 辅助方法

在 ASP.NET MVC 中内置了 AJAX 的辅助方法，可以帮助开发人员快速地实现 AJAX 的开发效果。在 ASP.NET MVC 中使用 AJAX 辅助方法时，有个调节 Microsoft AJAX 和 jQuery 的适配器，这个适配器决定了应用程序的配置，能使用 JavaScript 库进行 AJAX 请求。具体配置在 ASP.NET MVC 项目中的配置文件 "Web.config" 的配置节<appSettings>中：

<add key="UnobtrusiveJavaScriptEnabled" value="true" />

默认情况下 "UnobtrusiveJavaScriptEnabled" 键值为 "true"，如果为 "false"，则不能使用 AJAX 辅助方法。还可以在 "Global.asax" 文件中设置 HtmlHelper 的 UnobtrusiveJavaScriptEnabled 属性为 "true"。

```
public class MvcApplication : System.Web.HttpApplication
{
    protected void Application_Start()
    {
        HtmlHelper.UnobtrusiveJavaScriptEnabled = true;
        AreaRegistration.RegisterAllAreas();
        WebApiConfig.Register(GlobalConfiguration.Configuration);
        FilterConfig.RegisterGlobalFilters(GlobalFilters.Filters);
        RouteConfig.RegisterRoutes(RouteTable.Routes);
        BundleConfig.RegisterBundles(BundleTable.Bundles);
        AuthConfig.RegisterAuth();
    }
}
```

7.1.1 AJAX 的 actionlink 方法

在 ASP.NET MVC 框架中包含一组 AJAX 辅助方法，它可以用来创建表单和指向控制器操作的链接。使用这些辅助方法时，不用编写脚本来实现程序的异步。在 Razor 视图中，AJAX 辅助方法可以通过 AJAX 属性访问。和 HTML 辅助方法类似，AJAX 属性的大部分 AJAX 辅助方法都是扩展方法，AjaxHelper 类型除外。

最常使用的 AJAX 辅助方法有两个：

Ajax.ActionLink();

Ajax.BeginForm();

AJAX 的 ActionLink 方法可以创建一个异步行为的锚标签，跟 HTML 辅助方法相比，多了一个 AjaxOptions 类可以设定，示例如下：

```
<%=Ajax.ActionLink ("Ajax Link", "About",
                new AjaxOptions{InsertionMode= InsertMode.Replace,
                                UpdateTargetId="About",
                                HttpMode="GET"});%>
```

AJAX 的 ActionLink 方法的 C#描述：

```
public static MvcHtmlString ActionLink(
    this AjaxHelper ajaxHelper,
    string linkText,
    string actionName,
    Object routeValues,
    AjaxOptions ajaxOptions
)
```

其中，参数 ajaxHelper 的类型为 System.Web.Mvc.AjaxHelper，表示 AJAX 帮助器。

参数 linkText 的类型为 System.String，表示链接的文本。

参数 actionName 的类型为 System.String，表示异步调用操作方法的名称。

参数 routeValues 的类型为 System.Object，表示一个包含路由参数的对象。

参数 ajaxOptions 的类型为 System.Web.Mvc.Ajax.AjaxOptions，提供异步请求选项的对象。

AjaxOptions 的 InsertMode 属性是当 AJAX 辅助方法取回数据时要如何将数据新建到 UpdateTargetId 属性指定的元素中,有三种方法:Replace,替代 UpdateTargetId 属性指定的内容;InsertBefore,在 UpdateTargetId 属性之前插入;InsertAfter,在 UpdateTargetId 属性之后插入。AjaxOptions 的 UpdateTargetId 属性表示返回值要显示在哪一个 ID 上。AjaxOptions 的 HttpMode 属性是设置 HTTP 请求的方法,即"Get"或"Post"。

返回值类型为 System.Web.Mvc.MvcHtmlString,返回定位元素,可能是纯文本,也可能是 HTML。

注意,在 C#中,在 AjaxHelper 类型的任何对象上将此方法作为实例方法来调用。当使用实例方法语法调用此方法时,请省略第 1 个参数。

例如要在项目 MvcApp7 的首页 index 打开一个"About"链接,用户单击链接时在主页指定位置显示 About 页面的信息,而不是打开新页面显示。

具体的实现步骤如下。

1. 新建一个 ASP.NET MVC4 项目 MvcApp7。

2. 在"解决方案资源管理器"窗口中打开视图文件"Views/Home/Index.cshtml",在已有文件后面添加如下代码:

```
<div id="About">
@Ajax.ActionLink("click here","About",
                new AjaxOptions{UpdateTargetId="About1",
                               InsertionMode=InsertionMode.Replace,
                               HttpMode="get"});
</div>
<div id="About1">
</div>
```

3. 在控制器 HomeController 中添加 About1 操作,打开控制器文件"Controls/HomeController.cs",添加如下代码:

```
[HttpPost]
public ActionResult About1()
{
    ViewBag.Message = "Ajax 实例应用程序说明";
    return View("About1");
}
```

4. 在控制器代码的 About1 操作上单击右键,添加视图"About1",打开视图文件"Views/Home/About1.cshtml",添加如下代码:

```
<div>
    本页面为 Ajax 测试页面。
</div>
```

5. AJAX 所需要的操作要以 string 或 Json 为返回值,所以还需要在"Views/Share/_Layout.cshtml"文件最后面,添加 JavaScript 的引用,引用如下:

```
@Scripts.Render("~/bundles/jquery")
@Scripts.Render("~/bundles/jqueryui")
```

@Scripts.Render("~/bundles/jqueryval")
@RenderSection("scripts", required: false)

6. 当用户按下 "F5" 键运行，单击 "click here" 链接时，就会向控制器 HomeController 的 About1 操作发送一个异步请求。操作从视图返回了 HTML，后台的脚本就采用返回的 HTML 替换 DOM 中已有的 About1 元素。运行效果如图 7-1 所示，单击 "click here" 按钮，About1 中的元素显示在指定的块 About1 中。

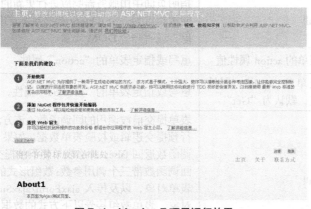

图 7-1　MvcApp7 项目运行效果

注意，上例中是在主页的链接上单击，显示某页面的信息，那么如果不想显示页面的信息，而直接返回需要的信息，如何处理？可在上例中删除步骤（4），修改步骤（3），添加如下代码：

```
[HttpPost]
public string About1()
{
    return Json("Ajax 实例应用程序说明");
}
```

运行效果如图 7-2 所示。

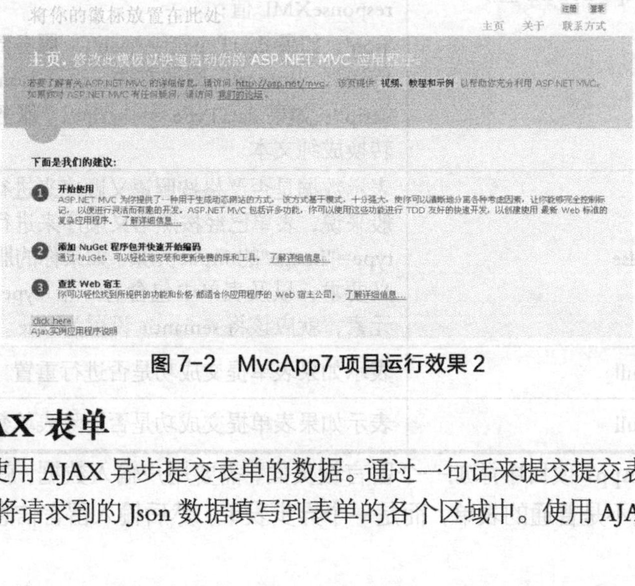

图 7-2　MvcApp7 项目运行效果 2

7.1.2　AJAX 表单

AJAX 表单是使用 AJAX 异步提交表单的数据。通过一句话来提交提交表单的数据，并制定请求地址，还可以将请求到的 Json 数据填写到表单的各个区域中。使用 AJAX 表单最大的好处是，即使浏览器不支持 JavaScript 也可以正常运行。AJAX 表单实现的主要方法有 AjaxForm（）和 AjaxSubmit（），这两个方法都支持众多的选项参数，选项参数可以使用 Options 对象来提供。Options 对象包括一些属性和值的集合，主要属性如表 7-1 所示。

表 7-1　Options 对象属性与值的集合

属性	默认值	描述
target	null	指明页面中由服务器响应进行更新的元素。元素的值可能被指定为一个 jQuery 选择器字符串，一个 jQuery 对象，或者一个 DOM 元素
url	表单的 action 属性值	重写或指定表单的"action"属性
type	表单的 method 属性值，默认为"Get"	重写或指定表单的"method"属性，"Get"或"Post"
beforeSubmit	null	表单提交前被调用的回调函数，该方法通常被提供来运行预提交逻辑或校验表单数据。如果"beforeSubmit"回调函数返回 false，那么表单将不被提交。"beforeSubmit"回调函数带三个调用参数：数组形式的表单数据，jQuery 表单对象，以及传入 ajaxForm/ajaxSubmit 中的 Options 对象。表单数组接受以下方式的数据： [{ name: 'username', value: 'yhf' }, { name: 'password', value: 'yhf' }]
success	null	表单成功提交后调用的回调函数。如果提供"success"回调函数，当从服务器返回响应后它被调用。然后由 dataType 选项值决定传回 responseText 还是 responseXML 的值
dataType	null（服务器返回 responseText 值）	服务器返回的类型可能为 null、xml、script 或者 json。dataType 提供一种方法，它决定了服务器的响应。这个被直接地反映到 jQuery.httpData 方法中去。下面的值被支持： 'xml'：如果 dataType == 'xml'，将把服务器响应作为 XML 来对待。同时，如果指定"success"回调方法，将传回 responseXML 值； 'json'：如果 dataType == 'json'，服务器响应请求值，并传递到"success"回调方法，返回 json 对象； 'script'：如果 dataType == 'script'，服务器响应将请求值转换成纯文本
semantic	false	表示数据是否严格按照语义顺序来进行提交。注意：一般来说，表单已经按照语义顺序来进行了序列化，除了 type="image"的 input 元素。如果你的服务器有严格的语义要求，以及表单中包含有一个 type="image"的 input 元素，就应该将 semantic 设置为 true
resetForm	null	表示如果表单提交成功是否进行重置
clearForm	null	表示如果表单提交成功是否清除表单数据

例如要在 MvcApp7 项目中添加一个留言板页面，需要用户输入数据，就要先在页面上添加一个 form 标签，它不是普通的表单，而是一个异步表单。然后输入留言信息，最后在当前页面

上显示留言内容。

具体的实现步骤如下。

1. 在主页添加一个链接，打开视图文件"Views/Home/Index.cshtml"，在最下方添加代码如下：

```
<div id="Message">
    @Html.ActionLink("留言","LeaveMessage")
</div>
```

2. 在控制器 HomeController 中添加留言 LeaveMessage 操作，打开控制器文件"Controls/HomeController.cs"，添加如下代码：

```
public ActionResult LeaveMessage()
{
    return View("LeaveMessage");
}
[HttpPost]
public string LeaveMessage(FormCollection collection)
{
    return AddMessage(collection["ytitle"], collection["ycontent"],
                      collection["yemail"], collection["yqq"]);
}
private string AddMessage(string ytitle, string ycontent, string yemail, string yqq)
{
    string k_message = "标题：" + ytitle + "  Email：" + yemail +
                       "  QQ：" + yqq + "  内容：" + ycontent;
    return k_message;
}
```

3. 在控制器代码的 LeaveMessage 操作上单击右键，添加视图"LeaveMessage"，打开视图文件"Views/Home/LeaveMessage.cshtml"，设计留言板页面，添加如下代码：

```
@{
    ViewBag.Title = "LeaveMessage";
}
<!DOCTYPE html>
<html>
<head>
    <title>留言板</title>
    <style type="text/css">
        .yzhong{width:500px; margin-left:auto;margin-right:auto;font-family:Arial}
    </style>
</head>
<body>
<div class="yzhong">
```

```
        <h1>留言系统</h1>
        <div><h3>您刚才提交的信息是：</h3>
        <div id="lastmessage"></div>
        </div>
        <div>
        <h3>提交留言</h3>
        @using (Ajax.BeginForm("LeaveMessage", new AjaxOptions() { HttpMethod = "Post", UpdateTargetId = "lastmessage" }))
        {
            <label>标题：</label><input type="text" name="yTitle" />
            <label>Email：</label><input type="text" name="yEmail" />
            <label>QQ：</label><input type="text" name="yQQ" />
            <label>内容：</label><input type="text" name="ycontent"  />
            <input type="submit" value="提交留言"  id="tijiao"/>
        }
        </div>
        <div>&copy;版权所有 yhf</div>
        </div>
</body>
</html>
```

代码中的语句：

```
@using (Ajax.BeginForm("LeaveMessage", new AjaxOptions() {
                HttpMethod = "Post", UpdateTargetId = "lastmessage" }))
    {
        <label>标题：</label><input type="text" name="yTitle" />
        <label>Email：</label><input type="text" name="yEmail" />
        <label>QQ：</label><input type="text" name="yQQ" />
        <label>内容：</label><input type="text" name="ycontent"  />
        <input  type="submit"  value="提 交 留 言 "      id="tijiao"/><label id="indicator"></label>
    }
```

其中，Ajax.BeginForm 表示的就是创建一个 AJAX 表单，用 using 包裹，用 "}" 表示结束，等同于<form/>。Ajax.BeginForm 的两个参数，第一个参数是控制器中的 action 名字，不写 controller，代表当前的 view 所对应的 controller。AjaxOptions 对象跟 Ajax.ActionLink 的一样的。

4. 当用户按下 "F5" 键运行，主页效果如图 7-3 所示。

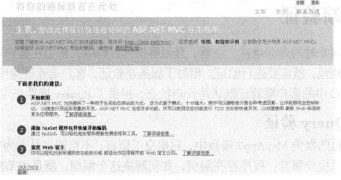

图 7-3　主页运行效果

5. 单击 "留言" 链接时，跳转到留言页面如图 7-4 所示。

图 7-4　留言页面运行效果

6. 输入留言信息，单击 "提交留言" 按钮，浏览器就会向控制器 HomeController 的 LeaveMessage 操作发送 "Post" 请求。表单由 Html.BeginForm 变成了 Ajax.BeginForm，使用 jquery.unobtrusive-ajax 脚本，表单会以 AJAX 形式提交，但是如果客户端禁用 JavaScript，表单就会以普通的表单发送 post 请求。"提交留言" 按钮提交表单后，服务器会收到一个 AJAX 请求，可以以任意格式的内容响应。当客户端接收到来自服务器的响应后，非侵入式的脚本就会将相应的内容显示在 id 为 "lastmessage" 的位置。留言信息显示效果如图 7-5 所示。

图 7-5　提交留言的运行效果

7.2 客户端验证

用户在浏览网站时的查询信息、注册、登录等操作过程中,都会在客户端输入数据信息,输入的数据是否规范,就需要进行验证。相对于服务端验证,客户端验证速度更快,效率更高。在 ASP.NET MVC 中的客户端验证默认是开启状态,提供了 jQuery 插件来实现客户端验证。

7.2.1 jQuery 验证

在上节留言板的案例 MvcApp7 项目中,只提交了留言,不管留言是否为空,输入数据是否符合条件,都可以提交留言,程序存在漏洞,如何解决这个漏洞,就是本节的主要任务,学会使用 jQuery 验证。

在 MvcApp7 的留言板模块添加 jQuery 验证,从而验证标题不能为空,邮箱不能为空,并验证邮箱格式是否正确,QQ 号和留言内容不能小于 5 个字符等。

具体的实现步骤如下。

1. 在验证页面导入 jquery.js 和 jquery.validate.js 两个脚本文件。打开项目的视图文件"Views/Home/LeaveMessage.cshtml",添加导入脚本文件代码如下:

```
<head>
    <title>留言板</title>
    <script src="../../Scripts/jquery-1.7.1.js" type="text/javascript"></script>
    <script src="../../Scripts/jquery.validate.js" type="text/javascript"></script>
    <style type="text/css">
    .yzhong{width:500px; margin-left:auto;margin-right:auto;font-family:Arial}
    </style>
</head>
```

两个脚本中的 jquery.js 脚本是为了加载 jQuery 验证插件,该插件提供了丰富的默认验证规则集,执行客户端验证规则。jquery.validate.js 脚本包括了 jQuery 验证的非侵入式适配器,用来获取 ASP.NET MVC 框架发出的元数据,并将这些元数据转换成 jQuery 验证能够理解的数据。

2. 将校验规则添加到 JavaScript 脚本中,在 LeaveMessage 视图中添加脚本如下:

```
    <div>&copy;版权所有 yhf</div>
</div>
<script type ="text/javascript">
    $().ready(function () {
        $("form").validate({
            rules: {
                yTitle: "required",
                yEmail: {
                    required: true,
                    email: true
                },
                yQQ: {
                    required: true,
```

```
                minlength: 5
            },
            ycontent: {
                required: true,
                minlength: 5
            }
        },
        messages: {
            yTitle: "请输入标题",
            yEmail: {
                required: "请输入 Email 地址",
                email: "请输入正确的 email 地址"
            },
            yQQ: {
                required: "请输入 QQ 号",
                minlength: jQuery.format("QQ 号不能小于{0}个字 符")
            },
            ycontent: {
                required: "请输入留言内容",
                minlength: "留言内容不能小于 5 个字符"
            }
        }
    });
});
</script>
```

在 JavaScript 脚本中 rules 部分是各个控件的验证规则的描述，这些规则来源于 jquery.js 脚本，常见的验证规则如表 7-2 所示。

表 7-2 jQuery 验证规则集

规则	默认值	描述
required	true	必填字段
remote	"check.php"	使用 AJAX 方法调用 check.php 验证输入值
email	true	必须输入正确格式的电子邮件
url	true	必须输入正确格式的网址
date	true	必须输入正确格式的日期 日期校验 ie6 出错，慎用
dateISO	true	必须输入正确格式的日期(ISO)，例如：2009-06-23，1998/01/22 只验证格式，不验证有效性
number	true	必须输入合法的数字(负数，小数)

续表

规则	默认值	描述
digits	true	必须输入整数
creditcard		必须输入合法的信用卡号
equalTo	"#field"	输入值必须和#field 相同
accept		输入拥有合法后缀名的字符串（上传文件的后缀）
maxlength	n	输入长度最多是 n 的字符串(汉字算一个字符)
minlength	n	输入长度最小是 n 的字符串(汉字算一个字符)
rangelength	[m,n]	输入长度必须介于 m 和 n 之间的字符串")(汉字算一个字符)
range	[m,n]	输入值必须介于 m 和 n 之间
max	n	输入值不能大于 n
min	n	输入值不能小于 n

3. 当用户按下"F5"键运行后，在主页上单击"留言"按钮，进入留言板页面。如果不输入留言信息，运行效果如图 7-6 所示。

图 7-6　不输入留言信息的运行效果

如果在留言板输入错误留言数据，运行效果如图 7-7 所示。

图 7-7　输入错误留言数据的运行效果

如果在留言板输入的信息都是符合要求的数据，运行效果如图 7-8 所示。

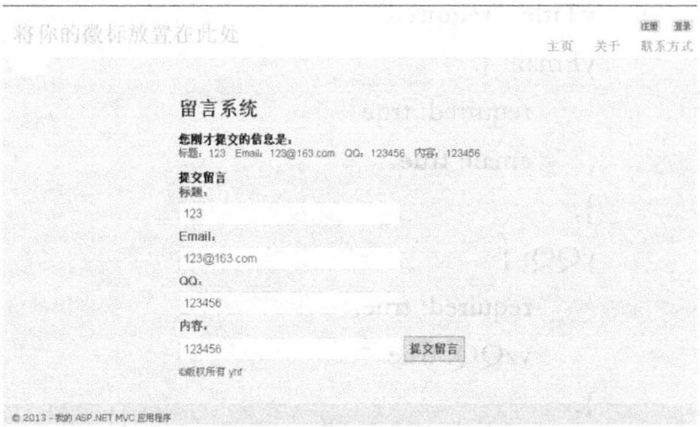

图 7-8 输入符合要求的留言数据运行效果

7.2.2 自定义验证

jQuery 验证时，通过引入 jquery.js 和 jquery.validate.js 脚本，加载 jQuery 插件和 jQuery 非侵入式适配器，应用 ASP.NET MVC 默认的验证规则集就可以实现客户端验证。在很多情况下，有些验证并不是常用的，需要用户自己定义规则来验证，这就要使用 jQuery 自定义验证方法了。

jQuery 自定义验证都在 jQuery.validator 对象中。validator 对象有一个 API 函数 addMethod，可以用来添加新的验证器。addMethod 函数使用如下格式：

```
jQuery.validator.addMethod("自定义验证规则名称", function (value, element) {
var x = 正则表达式;
return this.optional(element) || (x.test(value));
}, "输入格式错误");
```

addMethod 函数第 1 个参数是自定义验证规则名称，第 2 个参数是验证函数 function，当验证发生时调用。function 函数接收了两个参数，第 1 个参数是输入元素，包含了要验证的值 value；第 2 个参数包括一个数组中所有的验证参数 element；返回值是两个参数进行逻辑或运算的结果，验证成功时返回 true，验证失败时返回 false。

在 MvcApp7 项目的留言板模块中，对 QQ 号的验证不够完善，在这里采用 jQuery 自定义验证完善上述案例。

具体实现的步骤如下：

1. 在验证页面添加自定义验证。打开项目的视图文件 "Views/Home/LeaveMessage.cshtml"，添加自定义验证脚本如下：

```
$().ready(function () {
    jQuery.validator.addMethod("yzQQ", function (value, element) {
        var qq = /^[1-9]\d{4,9}$/;
        return this.optional(element) || (qq.test(value));
    }, "qq 号码格式错误");
});
```

2. 应用自定义验证。修改原有 jQuery 验证的脚本如下：

```
$().ready(function () {
    $("form").validate({
```

```
            rules: {
                yTitle: "required",
                yEmail: {
                    required: true,
                    email: true
                },
                yQQ: {
                    required: true,
                    yzQQ: true
                },
                ycontent: {
                    required: true,
                    minlength: 5
                }
            },
            messages: {
                yTitle: "请输入标题",
                yEmail: {
                    required: "请输入 Email 地址",
                    email: "请输入正确的 email 地址"
                },
                yQQ: {
                    required: "请输入 QQ 号",
                    yzQQ: "请输入正确的 QQ 号"
                },
                ycontent: {
                    required: "请输入留言内容",
                    minlength: "留言内容不能小于 5 个字符"
                }
            }
        });
    });
```

将原有验证 QQ 号长度的"minlength"规则改成自定义验证规则"yzQQ",在 rules 中将"yzQQ"规则值设为"true",在 messages 中将"yzQQ"错误提示改成"请输入正确的 QQ 号"。

3. 当用户按下"F5"键运行后,在主页上单击"留言"按钮,进入留言板页面。先测试 QQ 号不正确时,自定义验证是否有效,运行效果如图 7-9 所示。输入正确 QQ 号,即在当前页显示留言信息。

图 7-9 自定义验证运行效果

除了验证 QQ 号外，常见的需要自定义的验证还有手机号码验证、电话号码验证、邮政编码验证等，具体验证代码参考如下：

```
// 手机号码验证
jQuery.validator.addMethod("mobile", function(value, element) {
    var length = value.length;
    var mobile =  /^(((13[0-9]{1})|(15[0-9]{1}))+\d{8})$/;
    return this.optional(element) || (length == 11 && mobile.test(value));
}, "手机号码格式错误");
// 电话号码验证
jQuery.validator.addMethod("phone", function(value, element) {
    var tel = /^(0[0-9]{2,3}\-)?([2-9][0-9]{6,7})+(\-[0-9]{1,4})?$/;
    return this.optional(element) || (tel.test(value));
}, "电话号码格式错误");
// 邮政编码验证
jQuery.validator.addMethod("zipCode", function(value, element) {
    var zipc= /^[0-9]{6}$/;
    return this.optional(element) || (zipc.test(value));
}, "邮政编码格式错误");
```

7.3 自定义 AJAX 功能

AJAX 能辅助开发人员创建出反应快、功能丰富、无等待响应的效果。由于浏览器内核提供的异步请求对象不同等因素，使用 AJAX 功能就变得非常麻烦。要解决这些麻烦除了使用 AJAX 辅助方法外，还可以使用 jQuery。jQuery 可以使开发人员更加专注于程序逻辑的实现和用户体验的优化。

jQuery 是轻量级的 JavaScript 类库，兼容 CSS3，兼容各种浏览器，开发者能很方便地为 Web 应用程序提供 AJAX 交互。jQuery 类库为普通的 Web 应用程序客户端 JavaScript 脚本提供了一种统一的抽象层，以插件的方式不断扩展。使用 jQuery 能优化 AJAX 功能，对整个页面进行重写、修改或扩充，修改页面的外观，优化 JavaScrip 的事件机制，为页面添加动画效果等。

在 ASP.NET MVC 项目中包括两个默认 jQuery 插件：jQuery Validation 和 jQuery UI。jQuery 验证插件上节已使用过，jQuery UI 将在本节讲解。

7.3.1 jQuery UI

jQuery UI 扩展了 jQuery 的功能，提供了很多常用的页面组件，如鼠标拖动、动态调整大小、排序、进度条、日期选择器和弹出对话框等。jQuery UI 与 jQuery 一样，由 jQuery 官方来维护和更新。使用 jQuery 插件通常都需要下载插件、解压缩插件，也可以以 NuGet 包的形式获得 jQuery 插件，并将插件添加到项目中。在 ASP.NET MVC 项目中默认包含了 jQuery UI，不需要下载安装，可以直接使用。

使用 jQuery UI 实现日期动态选择，这个功能是很多网站都具备的常见功能。下面在 MvcApp7 项目中实现注册过程中出生日期的日期动态选择。

具体实现步骤如下。

1. 在 MvcApp7 项目 HomeController 控制器中添加一个注册动作 Reg，打开控制器文件"Controls/HomeController.cs"，添加如下代码：

```
public ActionResult Reg()
{
    ViewBag.Message = "jQuery UI Register";
    return View("Reg");
}
```

2. 在动作 Reg 上单击右键，添加视图 Reg，打开视图文件"Views/Home/Reg.cshtml"，添加如下代码：

```
@{
    ViewBag.Title = "Reg";
}
<h2>注册</h2>
<script type="text/javascript" src="~/Scripts/jquery-1.7.1.min.js"" ></script>
<script type="text/javascript" src="~/Scripts/jquery-ui-1.8.20.min.js"></script>
<label>用户名: </label>
<input id="username" type ="text"/>
<label>密码: </label>
<input id="pass" type ="text"/>
<label>确认密码: </label>
<input id="pass1" type ="text"/>
<label>性别: </label>
<input id="sex" type ="text"/>
<label>出生日期: </label>
<input id="birthday" type ="text"/>
<input type="submit" value="确定"  id="zhuce"/>
  <script type ="text/javascript">
          $(function() {
              $("#birthday").datepicker({ changeYear: true});
```

```
        });
    </script>
```

在视图中先添加的是 jQuery 和 jQuery UI 脚本，使整个应用程序包括 jQuery UI，接着是设计视图，最后是添加日期事件处理程序。其中 datepicker 是众多 jQuery UI 插件中的一个，是日期选择插件，changeYear 属性设为"true"，表示年份是下拉列表框显示，可以在下拉列表框中选择年。

3. 当用户按下"F5"键运行后，在浏览器地址栏输入"http://localhost/Home/Reg"地址后，运行效果如图 7-10 所示。

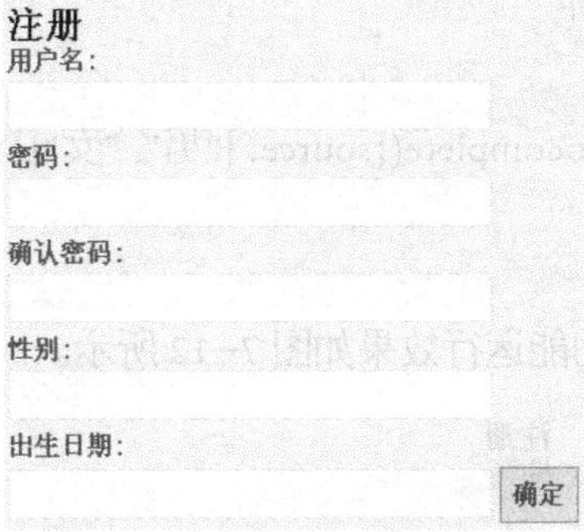

图 7-10　日期选择插件运行效果

4. 单击日期文本框，会看到如图 7-11 所示的日历控件，选择一个日期填充到文本框，日期默认格式为日/月/年的格式。文本框中的日期可以修改，同时 jQuery 又不允许用户在文本框中输入无效的日期。

图 7-11　日历控件运行效果

jQuery UI 中其他交互功能、小部件的应用等，大家可以参考官网 http://jqueryui.com/，网站上有每个交互功能和小部件的应用小案例，使用非常方便。

7.3.2　自动完成功能的实现

jQuery UI 不仅包括鼠标拖动、动态调整大小、日期选择器和进度条等小部件，还包括手风琴式下拉菜单、自动完成等小部件，本节探讨的就是自动完成部件的功能。

在上节 MvcApp7 项目注册过程中,性别一栏可以采用下拉菜单的形式提示输入的性别,避免输入数据格式不一致的情况,也可自动完成数据输入。

具体实现是在视图文件中加入对性别输入框的脚本控制代码,打开 Reg 视图文件后,在脚本中添加如下代码:

```
<script type ="text/javascript">
    $(function() {
        $("#birthday").datepicker({ changeYear: true});
    });
    $(document).ready(
      function () {
        $("#sex").autocomplete({source: ["男", "女"]});
    });
</script>
```

添加完代码后,自动完成功能运行效果如图 7-12 所示。

图 7-12 自动完成功能运行效果

添加完自动完成部件 autocomplete 方法时,同时添加了数据源 source 属性,其中包括可输入的元素"男"和"女",在自动完成方法的参数中已添加,当用户输入时即可自动完成性别字段。

7.3.3 JSON 和 jQuery 模板

JSON 全称是 JavaScript Object Notation,是一种轻量级的数据交换格式,方便服务器与 JavaScript 交互,是基于纯文本的数据格式,JSON 可以传递一个简单的 String、Number、Boolean 类型的数据,也可以是数组,还可以是复杂的 Object 类型的对象等。它提供了一种很简单的方式表达数据。比如采用 XML 数据表达的形式表示 Speaker 对象,XML 代码如下:

```
<Speaker>
    <Id>5</Id>
    <FirstName>Jimmy</FirstName>
    <LastName>Mike</LastName>
    <PictureUrl>/content/jimmy.jpg</PictureUrl>
    <Bio>Jimmy Mike is a C#/ASP.NET software developer in the UK.</Bio>
</Speaker>
```

那么 JSON 数据表达的代码如下:

{

```
    "Id":5, "FirstName":"Jimmy",
       "LastName":"Mike",
       "PictureUrl":"/content/jimmy.jpg",
       "Bio":"Jimmy Mike is a C#/ASP.NET software developer in the UK."
    }
```

XML 数据表达和 JSON 表达类似，与其他的编程语言也很相似，非常便于理解。

jQuery 模板是一个 jQuery 插件，也是一个 JavaScript 库。在 ASP.NET MVC4 中，jQuery 模板不用从外部添加或引入，MVC4 项目自带的有，可以使用 NuGet 更新 jQuery，同时更新项目，通过 jQuery 模板可以在客户端构建 HTML。jQuery 模板是一个开源项目，由 Microsoft 编写的一个官方 jQuery 插件，其中包括 jQuery 模板、jQuery 数据连接和 jQuery 全局化。

1．更新 jQuery 模板

打开项目 MvcApp7 项目，在"项目"菜单下选择"管理 NuGet 程序包"，弹出图 7-13 所示的对话框，单击"更新"按钮，更新"jQuery"。更新完成后，脚本"jquery-1.7.1.js"、"jquery-1.7.1.min.js"和"jquery-1.7.1-vsdoc.js"等就更新成为"jquery-2.0.3.js"、"jquery-2.0.3.min.js"和"jquery-2.0.3-vsdoc.js"等。

图 7-13　管理 NuGet 程序包对话框

2．jQuery 模板

jQuery 模板提供了从服务器异步调用各种 API,通过使用 jQuery 插件已经利用了这些特性。要直接使用它的特性，就不用 AJAX 辅助方法，可以直接使用 form 标签，外加 action 特性，自己编写 JavaScript 脚本向服务器请求 HTML，表单不直接提交到服务器。

jQuery 的 load 方法从服务器加载数据，将返回的数据放入被选元素中。load 方法第 1 个参数是必选的 URL，正在使用的 action 的特性值；第 2 个参数可选的 data 是传入的查询字符串；第 3 个参数是可选的 callback，load() 方法完成后所执行的函数名称。

下面的案例会将外部文件"demo_test.txt"中的内容加载到指定的 div 元素中。

（1）在项目 MvcApp7 项目中添加 Test 控制，打开 HomeController 控制器文件，添加如下代码：

```
public ActionResult Test()
{
```

return View();
}

（2）Test 控制基础上添加 Test 视图，打开 Test 视图文件，添加如下代码：

```
@{
    ViewBag.Title = "Test";
}
<h2>Test</h2>
<!DOCTYPE html>
<html>
<head>
<title >jQuery load() 方法</title>
</head>
<body>
<h3 id="test">请单击下面的按钮。</h3>
<button id="btn1" type="button">获取外部文件的内容</button>
</body>
<script type="text/javascript" src="~/Scripts/jquery-2.0.3.min.js" ></script>
<script type="text/javascript" src="~/Scripts/jquery-ui-1.10.3.min.js"></script>
<script type="text/javascript">
    $(document).ready(function () {
        $("#btn1").click(function () {
            $('#test').load('/demo_test.txt');
        })
    })
</script>
</html>
```

外部文件"demo_test.txt"在项目根目录下面，是先创建好后再加载新建项进去的。

（3）运行程序，load 方法调用外部文件结果如图 7-14 所示。

图 7-14 调用外部文件效果图

3．获取 JSON

上例中服务器返回的值是 HTML，返回分部视图，如果 jQuery 和 JSON 组合使用，就能返回 JSON。

在 MvcApp7 项目中添加一个 UserName 类，然后将 UserName 对象返回成 JSON。

（1）打开 MvcApp7 项目的 HomeController 控制器，添加 UserName 类，并修改 Test 操作，代码如下：

```
public class UserName
{
```

```csharp
    public int Id { get; set; }
    public string Name { get; set; }
}
public ActionResult Test()
{
    var u1 = GetUserName();
    return Json(u1, JsonRequestBehavior.AllowGet); ;
}
```

（2）修改 Test 视图，打开 Test 视图文件，修改 JavaScript 脚本，返回 JSON，不返回 HTML，修改后的脚本如下：

```html
<script type="text/javascript">
    $(document).ready(function () {
        $("#btn1").click(function () {
            $.getJSON("/Home/Test",function(result){
                $.each(result, function(data){
                    $("test").append(data);
                });
            });
        });
    });
</script>
```

getJSON 方法中的 3 个参数，第 1 个 URL 是请求的地址，第 2 个参数 function，是将接收到的数据 result 进行处理，逐个读取数据记录 data。

（3）运行效果如图 7-15 所示，直接返回 JSON 数据。

```
{"ContentEncoding":null,"ContentType":null,"Data":
{"Id":1,"Name":"chenxizhang"},"JsonRequestBehavior":1,"MaxJsonLength":null,"RecursionLimit":null}
```

图 7-15 返回 JSON 数据效果图

4．jQuery.ajax

jQuery 的 AJAX 方法是执行异步的 HTTP 请求,请求加载远程数据,在 jQuery 底层的 AJAX 实现，$.ajax() 返回创建的 XMLHttpRequest 对象，当要实现对 AJAX 请求的完全控制时使用。使用 AJAX 方法，可以获得 AJAX 提供的所有的功能，也可以使用客户端模板。

AJAX 方法可以不带任何参数使用，也可以采用可选参数，配置 AJAX 请求的键值对集合，比如可选项 url 和 data 属性与 load 方法的参数一样。它还为我们提供了回调函数 beforeSend、error、dataFilter、success、complete 等，分别在发送请求之前、请求出错、请求成功之后、请求之后和请求完成之后调用函数，可以实现显示和隐藏动画等效果，告知用户响应情况。

下面在 MvcApp7 项目的 Test 视图中尝试 jQuery 的 ajax 方法。

（1）修改 HomeController 控制器文件，让 Test 操作返回视图，修改后的代码如下：

```csharp
public ActionResult Test()
{
    return View();
}
```

（2）修改 Test 视图的脚本文件，修改后的脚本如下：

```
<script type="text/javascript">
    $(document).ready(function () {
        $("#btn1").click(function () {
            htmlobj = $.ajax({ url: "/demo_test.txt", async: false });
            $("#test").html(htmlobj.responseText);
        });
    });
</script>
```

通过 AJAX 方法将 demo_test.txt 外部文件中的文件内容显示在 test 元素上。

（3）运行效果如图 7-14 所示。

7.4 提高 AJAX 性能

AJAX 出现，改变了传统 Web 应用程序，通过用户的浏览器体验转换为一个基于 XML 的 Web 服务门户，实现了响应式和交互式 Web 服务。现在的 Web 应用程序中，AJAX 随处可见，当客户端发送大量的脚本代码时，AJAX 请求执行的是完整的 HTTP 请求，与常规页面加载一样，AJAX 请求数量越大，响应越慢，所以提高 AJAX 性能很关键。

7.4.1 使用内容分发网络

内容分发网络，简称 CDN，全称 Content Delivery Network，是在现有网络中增加一层新的网络架构，将网站的内容发布到最接近用户的网络的"边缘"，即边缘缓存服务器，用户可以更快地体验到所请求的内容，解决网络拥挤，提高用户访问的响应速度。这里是要提高 AJAX 性能，可以采用 CDN 技术，引用网络 jQuery 脚本库，节省下载脚本带宽开销。

Microsoft 的 CDN 提供了常用的 jQuery 脚本库，可以使用如下脚本标签：

```
<script src="http://ajax.aspnetcdn.com/ajax/jQuery/jquery-1.4.4.min.js"
    type="text/javascript"></script>
```

Google 的 CDN 也提供了相应的 jQuery 脚本库，可以使用如下脚本标签：

```
<script src="http://ajax.googleapis.com/ajax/libs/jquery/2.0.0/jquery.min.js"
    type="text/javascript"></script>
```

使用这些网络中的 jQuery 脚本库，不使用自己的服务器上的脚本，解决网络拥堵，从而提高 AJAX 性能是很有效的。

7.4.2 脚本优化

提高 AJAX 性能最高效的办法是在写脚本的时候，就逐步对脚本进行优化。

脚本优化的技术有很多，第一种最直接的办法就是将 script 脚本标签放在页面最底部，body 结束标签之前。这样就不会在页面运行时先运行脚本，再运行其他内容而减慢页面加载速度。

脚本优化的第二种方法是精简脚本，避免多余的代码。可从 Microsoft 或 Google 载入 jQuery 脚本库等，也可使用 Minify 工具（http://ajaxmin.codeplex.com）将脚本文件大小压缩，压缩工具还有 JSCompressor、YUI Compressor 等。

脚本优化的第三种方法是减少客户端 AJAX 请求数量，即发送的 script 标签数量。将多个 JavaScript 脚本文件合并成一个资源文件，将脚本下载数量保持到最少。Minify 工具可以合并多个 CSS 或 JavaScript 文件，还具有压缩和缓存功能，使用 PHP5 开发的，使用时需搭建 PHP 运行环境，并分配一个子域名用于内部请求。Combres 工具可在脚本运行时动态合并脚本并响应 HTTP 请求。这些工具各有特点，可按需使用。

本章小结

本章主要对 AJAX 的特性进行了简要介绍，AJAX 的功能实现依赖于 jQuery 库和 jQuery 插件等。学习完本章，应能初步理解和掌握 jQuery；在项目中使用 jQuery 完成客户端验证和 jQuery UI 插件等功能；规范和精简脚本，提高 AJAX 性能。

习题

7-1　AJAX 的常用辅助方法有哪些？
7-2　采用 jQuery 自定义验证实现用户注册过程中对用户名、密码和确认密码等验证。
7-3　提高 AJAX 性能有哪些方法？

综合案例

概述

本章将在现有的 ASP.NET MVC 网上书店项目中实现用户权限管理，包括用户注册、用户登录、角色创建和角色授权。

主要任务

- 启用 ASP.NET MVC4 中包含的 Simple Membership
- 测试用户创建与用户登录
- 创建角色
- 给角色授权

实施步骤

1. 修改 Web.config 文件，在数据库中创建用户与角色管理相关数据表

在创建当前项目时，ASP.NET MVC4 会自动创建一套名为 Simple Membership 的用户与角色管理模块，其包括 "Models" 文件夹下的 "AccountModels.cs" 文件，"Filters" 文件夹下的 "InitializeSimpleMembershipAttribute.cs" 文件，"Controllers" 文件夹下的 "AccountController.cs" 文件和一些视图文件。在默认情况下 Simple Membership 所需的数据表会被创建到 SQL Server Express 中，为了方便管理，在网上书店项目中，我们将把 Simple Membership 所需的数据表创建到本项目专用的 "MvcBookStore" 数据库中。

修改 Web.config 文件，将 "<connectionStrings>" 标记中的名为 "DefaultConnection" 的连接字符串改为链接到 MvcBookStore 数据库的链接字符串。具体如下：

```
<connectionStrings>
```

```
<add name="DefaultConnection"
    connectionString="Data Source=.;Initial Catalog=MvcBookStore;Integrated Security=SSPI"
    providerName="System.Data.SqlClient" />
    …
</connectionStrings>
```

然后运行项目，浏览"/Account/Login"，如果没有任何错误，则可以关闭项目，再打开数据库，可以看到如图 7-16 所示的 Simple Membership 所需的数据表已经被创建好。

图 7-16 Simple Membership 所需的数据表

2. 调整默认用户管理页面的视图，测试用户创建与用户登录

当我们运行项目，并浏览"/Account/Login"时，可以看到 ASP.NET MVC4 默认创建的用户管理页面，但是由于我们修改了网站模板，这个页面看起来就不那么美观了，如图 7-17 所示，所以我们应该让用户管理页面用回其默认的页面模板。

图 7-17 页面模板被修改

具体做法是修改"Views"文件夹中，"Account"文件夹下的"_Layout.cshtml"页面模板文件，将文件中"<head>"标记里的代码：

@Styles.Render("~/Content/css")

改为

@Styles.Render("~/Content/Account/css")

除此之外，还要在"App_Start"文件夹中的"BundleConfig.cs"文件里的 RegisterBundles 函数中添加如下代码：

```
bundles.Add(new StyleBundle("~/Content/Account/css")
    .Include("~/Content/Account/site.css"));
```
最后，再分别指定"Views"文件夹中，"Account"文件夹下的视图"Login.cshtml"、"Manage.cshtml"、"Register.cshtml"、"ExternalLoginConfirmation.cshtml"和"ExternalLoginFailure.cshtml"所使用的母版页的位置，具体做法是分别打开上述文件，并在文件头加入如下代码：

```
@{
    Layout = "_Layout.cshtml";
}
```

修改好后，再运行项目并浏览"/Account/Login"，我们将看到该页面已经被改回了原有的默认模板，如图7-18所示。

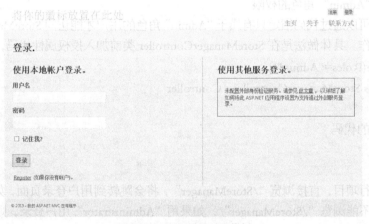

图7-18 用回默认页面模板

调整好页面模板后，就可以测试用户创建与登录了，在此，我们将创建一个名为"Tester"的用户，并将密码设为"123456"。

3. 创建管理员角色

ASP.NET MVC 4 默认的 Simple Membership 的用户与角色管理模块中已经包含有角色的创建与管理功能，但是默认创建的用户管理页面中并没有包含角色创建功能，所以需要在项目中创建角色的话必须自己编写代码和操作页面。由于本项目涉及的角色只有一个，所以我们将通过代码直接创建角色而不写角色操作页面。

具体做法是打开项目"Filters"文件夹下的"InitializeSimpleMembershipAttribute.cs"代码文件，并在 InitializeSimpleMembershipAttribute 类的 OnActionExecuting 函数中添加创建角色和管理员账户的代码，具体代码如下：

```
public override void OnActionExecuting(ActionExecutingContext filterContext)
{
    // Ensure ASP.NET Simple Membership is initialized only once per app start
    LazyInitializer.EnsureInitialized(ref _initializer, ref _isInitialized, ref _initializerLock);
    //确保创建了所需的角色
    if (!Roles.RoleExists("Admin"))
    {
        Roles.CreateRole("Admin");
```

```
        }
        //创建管理员
        if (!WebSecurity.UserExists("Administrator"))
        {
            WebSecurity.CreateUserAndAccount("Administrator", "888888");
            Roles.AddUserToRole("Administrator", "Admin");
        }
    }
```

通过上述代码，可以在项目中创建一个名为"Admin"的角色，并添加一个属于该角色的名为"Administrator"密码为"888888"的管理员账户。

4. 指定"Admin"角色的权限

现在我们可以通过代码指定只有属于"Admin"角色的用户才能访问 StoreManagerController 控制器中的动作。具体做法是在 StoreManagerController 类前加入授权属性代码，如下：

```
[Authorize(Roles="Admin")]
public class StoreManagerController : Controller
{
    //类实现的代码
    ……
}
```

编译并运行项目，直接浏览"/StoreManager"，将会跳转到用户登录页面，如果用"Tester"用户登录，则不能浏览"/StoreManager"，如果用"Administrator"用户登录，则可以继续浏览"/StoreManager"。

PART 8 第8章 网址路由

本章导读

本章将介绍网址路由的概念，如何定义路由，给路由命名，调试路由，如何自定义网址路由，如何在 Web 窗体项目中使用网址路由。学习完本章，还能帮助用户了解 ASP.NET MVC 执行时的先后顺序，尽量减少错误率；了解网址路由在 ASP.NET MVC 框架和 ASP.NET Web 窗体项目中的应用。

本章要点

- 掌握网址路由的概念
- 了解如何自定义路由
- 了解 Web 窗体与网址路由

8.1 网址路由概述

网址路由（URL Routing）并不是 MVC 中独有的，相对于 MVC 是独立的，单独存在的，它的定义在 System.Web.Routing 命名空间中，网址路由能为传统的 ASP.NET 应用程序服务，也能为 ASP.NET MVC 应用程序服务。网址路由在 ASP.NET MVC 中有两个主要用途，一是比对通过浏览器传递来的 HTTP 请求，二是将网址重写后返回给浏览器。

8.1.1 路由比对与 URL 重写

ASP.NET MVC 网址路由系统有两个主要用途，简单来讲就是路由比对和 URL 重写。

路由比对是当客户端对 ASP.NET MVC 网站发出请求时，能通过 URL Routing 找到适当的 HttpHandler 来处理网页。路由比对流程如图 8-1 所示。

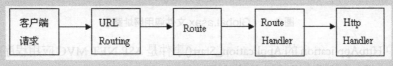

图 8-1 路由比对流程图

如果 HttpHandler 是由 MvcHandler 来处理，接下来会进入 ASP.NET MVC 的执行生命周期，然后找到适当的 Controller 和 Action 来处理，最后将信息反馈给客户端，这就是 URL 重写的过程。

ASP.NET MVC 执行生命周期分为三个阶段，第一阶段网址路由比对，第二阶段执行 Controller 和 Action，第三阶段执行 View 并返回结果。这三个阶段中包括了路由比对和 URL 重写的过程。ASP.NET MVC 执行生命周期的流程如图 8-2 所示。

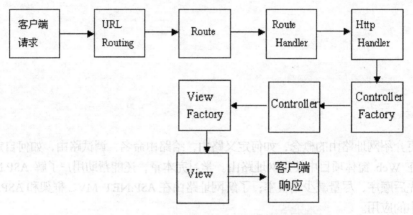

图 8-2　ASP.NET MVC 执行生命周期流程图

8.1.2　定义路由

在 ASP.NET MVC 中定义了两个默认的网址路由。在项目的"Global.asax"文件中调用了默认的网址路由，在项目文件夹"App_Start"下的"RouteConfig.cs"文件中定义了默认的网址路由。

新建一个 ASP.NET MVC4 项目 MvcApplication1，打开"Global.asax"文件，如图 8-3 所示。

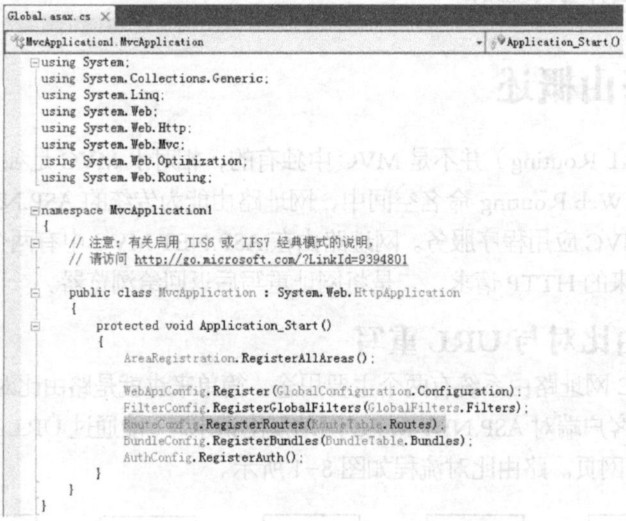

图 8-3　Global.asax 文件调用网址路由

图 8-3 中 HttpApplication 的 Application_Start()事件是 ASP.NET MVC 应用程序执行的入口，所有的网址路由都会在这里定义。图中选中的语句 RouteConfig.RegisterRoutes(RouteTable.Routes) 中的参数 RouteTable.Routes 是公开的静态对象，用于存储所有 Routing 的规则集，属于

RouteCollection 类。

具体的 RouteConfig.RegisterRoutes(RouteTable.Routes)定义在项目文件夹"App_Start"下的"RouteConfig.cs"文件中，在该文件中定义了一个默认的路由表，用户可根据需要修改。打开"RouteConfig.cs"文件，定义的网址路由如图 8-4 所示。

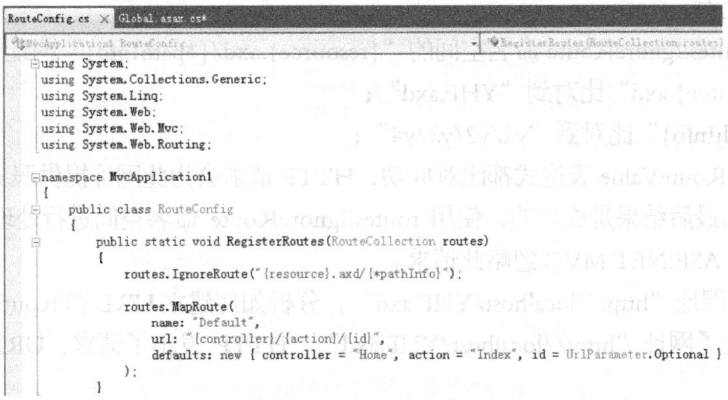

```
using System;
using System.Collections.Generic;
using System.Linq;
using System.Web;
using System.Web.Mvc;
using System.Web.Routing;

namespace MvcApplication1
{
    public class RouteConfig
    {
        public static void RegisterRoutes(RouteCollection routes)
        {
            routes.IgnoreRoute("{resource}.axd/{*pathInfo}");

            routes.MapRoute(
                name: "Default",
                url: "{controller}/{action}/{id}",
                defaults: new { controller = "Home", action = "Index", id = UrlParameter.Optional }
            );
        }
    }
}
```

图 8-4　RouteConfig.cs 文件中定义的网址路由

图 8-4 中的第一条语句 "routes.IgnoreRoute("{resource}.axd/{*pathInfo}");"，其中 routes.IgnoreRoute 辅助方法的定义在 System.Web.Mvc 命名空间中。IgnoreRoute 辅助方法后面参数中的"{resource}"代表一个变量空间，属于 PlaceHolder 类，也可以说代表一个位置，用来放一个用不到的变量，也可以不用"{resource}"，而用其他名称。IgnoreRoute 辅助方法后面参数中的"{*pathInfo}"，"*"代表全部，"pathInfo"代表名称为"pathInfo"的完整路径信息，除了"{resource}"之外的剩余部分网址。例如，网址"YHF.axd/y1/y2/y3/y4"，"{*pathInfo}"的值为"y1/y2/y3/y4"，如果没有加"*"，{pathInfo}的值为"y1"。默认 RegisterRoutes()方法中的 IgnoreRoute()辅助方法用于定义不需要通过 Routing 处理的网址。

图 8-4 中的第二条语句的 MapRoute 辅助方法也是定义在 System.Web.Mvc 命名空间中，常常用来定义 Routing 规则的辅助方法，具体规则由"name"、"url"和"defaults"等定义，定义了 RouteValue 表达式的默认值。"name"是定义的 Route 的名称，名称为"Default"。"url"定义的 URL 和参数，即网址格式和每个网址段落的 RouteValue 表达式名称，网址不能以"/"开头，所以网址格式为"{Controller}"。"defaults"后面是定义的 RouteValue 表达式的默认值，网址格式"{Controller}"指向视图文件夹下的"Home"目录，网址段落的"{action}"参数值为"Index"页面，"{id}"参数值为"UrlParameter.Optional"，表明参数值具有只读属性。如果网址路由比对不到 HTTP 请求的网址时，就会以 Routing 规则的默认值代替。

ASP.NET MVC 中定义的两个默认的网址路由分别是 RegisterRoutes()方法中的 IgnoreRoute()辅助方法中定义的不需要通过 Routing 处理的网址，MapRoute 辅助方法中采用 Routing 规则定义的网址路由。

路由是将来自浏览器的请求映射到 MVC 的 Controller Action，从而返回网址路由。路由的体现有两部分，一是路由注册，二是请求映射。

路由注册，就是向路由表（RouteCollection）中添加路由。可以在图 8-4 的"RouteConfig.cs"文件中添加路由。

请求映射，是当 HTTP 提出请求后，URL 会进行网址路由的比对，按照 ASP.NET MVC Routing 的规则，由上而下一条一条比对，直到比对到符合 HTTP 请求的网址为止。注意，所有的网址比对是从"http://localhost/"之后开始比对的。

例1，给定网址"http://localhost/YHF.axd/y1/y2/y3/y4"，分析如何建立 URL 和 Routing 之间的联系。

分析，给定了网址"http://localhost/YHF.axd/y1/y2/y3/y4"，HTTP 发出了请求，URL 会进行网址路由比对：

1. 比对 routes.IgnoreRoute 命名空间的"{resource}.axd/{*pathInfo}"网址格式；
2. "{resource}.axd"比对到"YHF.axd"；
3. "{*pathInfo}"比对到"y1/y2/y3/y4"；
4. 所有的 RouteValue 表达式都比对成功，HTTP 请求会为此网址提供服务。

路由比对的最后结果是成功的，使用 routes.IgnoreRoute 命名空间进行处理，ASP.NET 架构会继续处理，ASP.NET MVC 忽略此请求。

例2，给定网址"http://localhost/YHF.axd"，分析如何建立 URL 和 Routing 之间的联系。

分析，给定了网址"http://localhost/YHF.axd"，HTTP 发出了请求，URL 会进行网址路由比对：

1. 比对 routes.IgnoreRoute 命名空间的"{resource}.axd/{*pathInfo}"网址格式；
2. "{resource}.axd"比对到"YHF.axd"；
3. 比对"{*pathInfo}"，由于请求没有数据可以进行比对，所以理论上不会比对到任何结果。但是"{*pathInfo}"允许包括空字符串，所以这部分也算是比对成功；
4. 所有的 RouteValue 表达式都比对成功，HTTP 请求会为此网址提供服务。

路由比对的结果是成功的，使用 routes.IgnoreRoute 命名空间进行处理，ASP.NET 架构会继续处理。

注意："{resource}.axd" 表示后缀名为".axd"的所有资源，如"webresource.axd"，在没有用第三方控件，将 Image、CSS、Javascript 封装到 Dll 的时候使用。后缀名为".axd"也可以像是一个后缀".ashx"的 WebHandler，实现接口 IHttpHandler 的方法，可以免去复杂的控件解析过程和页面处理过程。".ashx"文件适合产生供浏览器处理的、不需要回发处理的数据格式，如用于生成动态图片、动态文本等内容。例如 FCKeditor 控件，调用时需要在"App_Start"文件夹的"RouteConfig.cs"文件中添加语句："routes.IgnoreRoute("{resource}.axd/{*pathInfo}");"。在这里篇幅有限，就不一一举例了。

例3，给定网址"http://localhost/TestR/R1?id=128"，分析如何进行路由注册，并建立 URL 和 Routing 之间的联系。

分析，给定了网址"http://localhost/TestR/R1?id=128"，HTTP 发出了请求，URL 会进行网址路由比对：

1. 比对 routes.IgnoreRoute 命名空间的"{resource}.axd/{*pathInfo}"网址格式；
2. "{resource}.axd"比对"TestR"，比对失败；
3. 跳转到 routes.MapRoute 命名空间的"{controller}/{action}/{id}"网址格式；
4. "{controller}"比对到"TestR"；
5. "{action}"比对到"R1"；
6. "?id=128"不算是网址的一部分，不是 RouteValue 表达式，不进行比对；
7. "{id}"部分没有比对到，会读取默认值，即"UrlParameter.Optional"部分，所以比对成功；
8. 所有的 RouteValue 表达式都比对成功，HTTP 请求会为此网址提供服务。

路由比对的结果是成功的,使用 routes.MapRoute 命名空间进行处理,通过 MvcHandler 将值赋予适当的 Controller 和 Action 程序。在这里 TestRController 会对应 R1 动作。

在浏览器输入给定网址"http://localhost/TestR/R1?id=128",显示无法找到资源,错误提示如图 8-5 所示。

图 8-5　无法找到资源页面

出现错误的原因在于没有进行路由注册,在路由注册之前添加控制器和视图,具体步骤如下:

1. 在之前建立的 MvcApplication1 项目中添加控制器 "TestRController";
2. 在 TestRController 控制器类中,即 "TestRController.cs" 文件中,添加动作 "R1",具体添加代码如下:

```
public ActionResult R1()
{
return View();
}
```

3. 在步骤 2 的动作 "R1" 上单击右键,选择"添加视图",即可在 "Views" 视图文件夹中添加 "TestR" 文件夹和视图 "R1"。
4. 在 "App_Start" 文件夹的 "RouteConfig.cs" 文件中,添加一条路由规则,代码如下:

```
routes.MapRoute(
            name: "T1",
            url: "{controller}/{action}/{id}",
            defaults: new { controller = "TestR", action = "R1", id = UrlParameter.Optional}
    );
```

5. 在浏览器中输入网址,成功显示页面,如图 8-6 所示。

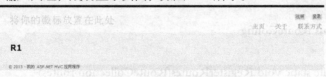

图 8-6　http://localhost/TestR/R1?id=128

注意:在路由比对过程中,"URL 及参数"位置出现的所有路由参数都是必要的参数,必须完全符合比对规则才能比对成功;如果比对失败,会跳转到下一条网址路由规则继续比对。

8.1.3　路由命名

路由命名,是给路由指定名称,在视图中使用路由名称寻找 URL。通常将最常用的路由存放在路由表的前面。

在 ASP.NET MVC 的路由设置中,路由的名称是可选参数,在路由解析过程中没什么作用,但是路由名称可用来生成 URL 路由。使用路由名称来生成 URL 路由时,就会快速定位到指定名称的路由，从而提高路由解析的速度。例如，如果给某路由指定路由名称，该路由位于路由表的第 1 001 个位置，将直接跳转到路由表的第 1 001 个位置，定位到指定的路由；如果没有指定路由名称，就会顺序查询路由表，查询到 1 001 个位置才能找到。因此，路由的命名是非常重要的。

例 4，例 3 中设置的路由如下代码，分析路由命名的重要性。

```
routes.MapRoute(
        name: "T1",
        url: "{controller}/{action}/{id}",
        defaults: new { controller = "TestR", action = "R1", id = UrlParameter.Optional}
    );
```

分析，其中的路由名称为"T1"。生成网址时，指定的路由名称为"T1"。如果不指定路由名称，可能会匹配到其他的路由。

注意：给路由命名和合理设置路由顺序是优化路由的两种方法，不仅能提高生成 URL 的效率，还会节省寻找路由匹配的时间。

8.1.4 路由常见用法

在创建 ASP.NET MVC 项目时，经常需要设置路由，常见的路由用法有 6 种。

1．默认路由

在创建项目 MvcApplication1 之后，有一个默认的"Default"路由，打开"App_Start"文件夹下的"RouteConfig.cs"文件。

```
using System;
using System.Collections.Generic;
using System.Linq;
using System.Web;
using System.Web.Mvc;
using System.Web.Routing;
namespace MvcApplication1
{
    public class RouteConfig
    {
        public static void RegisterRoutes(RouteCollection routes)
        {
            routes.IgnoreRoute("{resource}.axd/{*pathInfo}");
            routes.MapRoute(
                name: "Default",                              //默认的"Default"路由
                url: "{controller}/{action}/{id}", // 带有参数的 URL
                defaults: new { controller = "Home", action = "Index", id = UrlParameter.Optional }
                // 参数默认值
            );
```

            }
        }
}

2. 不带参数的路由

例如在"RouteConfig.cs"文件的 RegisterRoutes()方法中添加一个不带参数的路由,代码如下:

```
routes.MapRoute(
            name: "yhf1",                                    // 路由名称
            url: "{controller}/{action}/{id}"   // 带有参数的 URL
);
```

3. 带命名空间的路由

在上述 RegisterRoutes()方法中继续添加一个带命名空间的路由,代码如下:

```
routes.MapRoute(
            name : "yhf2",                                   // 路由名称
            url: "{controller}/{id}-{action}", // 带有参数的 URL
            defaults: new { controller = "Home", action = "Index", id = UrlParameter.Optional },
            // 参数默认值
            namespaces: new string[] { "Admin.Controllers" }//命名空间
);
```

4. 带约束的路由规则

约束就是用正则表达式来描述约束条件,符合条件路由比对才能成功。在上述 RegisterRoutes()方法中继续添加一个带约束的路由规则,代码如下:

```
routes.MapRoute(
            name: "yhf3", // 路由名称
            url: "{controller}/{action}-{Year}-{Month}-{Day}", // 带有参数的 URL
            defaults: new { controller = "Home", action = "Index", Year = "2013", Month = "09",
            Day = "22" },// 参数
            constraints :   new { Year = @"^\d{4}", Month = @"\d{2}" }
            //两个参数的约束条件分别是四位数和两位数
);
```

5. 带命名空间、约束和默认值的路由规则

在上述 RegisterRoutes()方法中继续添加一个带命名空间、约束和默认值的路由规则,代码如下:

```
routes.MapRoute(
            name: "yhf4",
                                                                                    // 路由名称
            url: "Admin/{controller}/{action}-{Year}-{Month}-{Day}", // 带有
```

参数的 URL

```
            defaults: new { controller = "Home", action = "Index", Year = "2013", Month = "09",
            Day = "22" },// 参数
            constraints: new { Year = @"^\d{4}", Month = @"\d{2}" },
            //两个参数的约束条件分别是四位数和两位数
            namespaces: new string[] { "Admin.Controllers" } //命名空间
);
```

6．捕获所有路由

在上述 RegisterRoutes（）方法中继续添加一个捕获所有路由的规则，代码如下：

```
routes.MapRoute(
        name: "All",              // 路由名称
        url : "{*Vauler}", // 带有参数的 URL
        defaults :new { controller = "Home", action = "Index", id = UrlParameter.Optional }
        // 参数默认值
);
```

综上 6 种都是常见路由的用法，那么这些路由在程序运行后是如何调用的，在这里以默认路由为例来说明。当项目 MvcApplication1 运行后，"Global.asax"文件中的"Application_Start()"方法被调用，同时调用方法内的 RouteConfig.RegisterRoutes()方法，从而创建了路由表。路由表中有一个默认的"Default"路由，该路由把 URL 拆分成三部分："{controller}"、"{action}"和"{id}"，分别对应 controller、action 和 View。当在浏览器中有 URL 请求时，如果不指定 controller，则默认也为"Home"，不指定 Aciton，则默认为"Index"，不指定参数默认为空。在浏览器中输入"http://localhost/Home/Index/2"时，controller 为"Home"，Aciton 为"Index"，就会执行"Controllers"文件夹下的"HomeController.cs"文件中的代码，代码如下：

```
using System;
using System.Collections.Generic;
using System.Linq;
using System.Web;
using System.Web.Mvc;
namespace MvcApplication1.Controllers
{
    public class HomeController : Controller
    {
        public ActionResult Index()
        {
            ViewBag.Message = "修改此模板以快速启动你的 ASP.NET MVC 应用程序。";
            return View();
        }
    }
```

也就是说调用了 Index（）方法，同时也调用了该事件，Index（）方法或事件的参数为空，所以 URL 中传递过来的参数"2"被忽略掉了。调用该方法现实 View，在浏览器中显示"Views"文件夹里"Home"文件夹中的"Index.cshtml"页面。

8.1.5 路由调试

在 ASP.NET MVC 中，路由是一个核心的概念，也是 MVC 程序的入口，每个 Http 请求都要经过路由计算，然后匹配到相应的 Controller 和 Action。在本章前面的内容中，我们给 MvcApplication1 项目中添加了多个路由，如何确保所有的路由都是正确的，或者没有重复的，这就需要专门的分析工具来调试路由，如 RouteDebug 与 RouteDebugger。

1．RouteDebug

RouteDebug 工具在 ASP.NET MVC2 中已经开始应用了，该工具需要从网上下载一个 DLL 文件"RouteDebug.dll"，也可从本书第 8 章电子资源中获取。具体使用步骤如下：

（1）从网上下载"RouteDebug.dll"文件后解压；

（2）在 MvcApplication1 项目的解决方案资源管理器中选择"引用"文件夹，单击右键选择"添加引用"选项，即可将 DLL 文件添加到项目中；

（3）在"Global.asax.cs"文件里面的 Application_Start()中注册 RouteDebug 工具，添加语句"RouteDebug.RouteDebugger.RewriteRoutesForTesting(RouteTable.Routes);"，添加后的代码如下：

```
protected void Application_Start()
{
    AreaRegistration.RegisterAllAreas();
    WebApiConfig.Register(GlobalConfiguration.Configuration);
    FilterConfig.RegisterGlobalFilters(GlobalFilters.Filters);
    RouteConfig.RegisterRoutes(RouteTable.Routes);
    RouteDebug.RouteDebugger.RewriteRoutesForTesting(RouteTable.Routes);
    //注册 RouteDebug
    BundleConfig.RegisterBundles(BundleTable.Bundles);
    AuthConfig.RegisterAuth();
}
```

（4）按"F5"键运行项目，运行效果如图 8-7 所示。

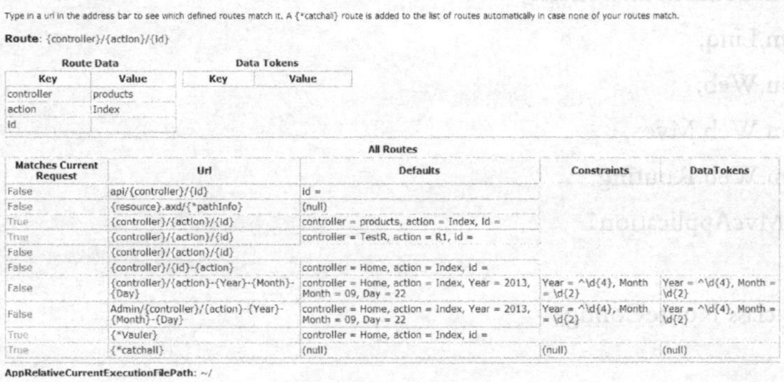

图 8-7 路由调试

使用 RouteDebug 进行路由调试，调试结果显示了是否匹配，还按照顺序列出了可识别的参数列表。如果不测试 Routing 规则，就删除步骤（3），可直接显示 View 对象。

2．RouteDebugger

RouteDebugger 在 ASP.NET MVC3 中已经开始应用了，该工具需要从网上下载一个 DLL 文件"RouteDebugger.dll"，也可从本书第 8 章电子资源中获取。具体使用步骤如下。

（1）从网上下载"RouteDebugger.dll"文件后解压；

（2）在 MvcApplication1 项目的解决方案资源管理器中选择"引用"文件夹，单击右键选择"添加引用"选项，即可将 DLL 文件添加到项目中；

（3）在"Web.config"配置文件中注册 RouteDebugger，在<appSettings>配置节添加注册代码：

```
<add key="RouteDebugger:Enabled" value="true" />
```

（4）将 RouteDebug 工具使用中的步骤（3）中添加的注册 RouteDebug 语句注释掉，按"F5"键运行项目，运行效果跟图 8-7 所示一样。

（5）如果不想显示路由调试结果，将"Web.config"配置文件中的代码：

```
<add key="RouteDebugger:Enabled" value="true" />
```

改成：

```
<add key="RouteDebugger:Enabled" value=false" />
```

综上所述，RouteDebug 与 RouteDebugger 调试工具在 ASP.NET MVC4 中都可以兼容，使用方便，跟在 ASP.NET MVC 2 和 ASP.NET MVC 3 中一样。

8.2 自定义路由

在 ASP.NET MVC 中，当需要创建特定的路由时，就需要添加自定义路由，用自定义路由代替默认路由表。

本章前面已建立了 MvcApplication1 项目，在项目中添加了多个路由。如果用户希望处理的请求地址为"http://localhost/TestR/R1"，用户输入这个 URL 后，返回的就是 R1 的项目入口，需要修改路由表，步骤如下。

1. 打开 MvcApplication1 项目的"App_Start"文件夹中的"RouteConfig.cs"文件，将如下代码移到路由表的最前端。

```
using System;
using System.Collections.Generic;
using System.Linq;
using System.Web;
using System.Web.Mvc;
using System.Web.Routing;
namespace MvcApplication1
{
    public class RouteConfig
    {
        public static void RegisterRoutes(RouteCollection routes)
```

```
            {
                routes.IgnoreRoute("{resource}.axd/{*pathInfo}");
                routes.MapRoute(
                   name: "T1",
                   url: "{controller}/{action}/{id}",
                   defaults: new { controller = "TestR", action = "R1", id = UrlParameter.Optional }
                   );
                ………
            }
        }
    }
```

2. 按"F5"键运行项目，显示的结果就是 URL 请求的"http://localhost/TestR/R1"页面。

注意，自定义的路由要放在默认路由的上面才能起作用。如果在默认路由后面，就会显示默认路由请求的页面。自定义的路由匹配以 TestR 开头的 URL，如"http://localhost/TestR"和"http://localhost/TestR/R1"都会被处理。

8.3 Web 窗体与网址路由

实现 Web 应用程序可以采用 ASP.NET MVC 框架，也可采用 ASP.NET Web 窗体模型来实现，MVC 框架并不会取代 Web 窗体模型，它们各有优点。

ASP.NET MVC 框架将应用程序分为模型、视图和控制器，结构简单；不使用视图状态或基于服务器的窗体，适合想要完全控制应用程序行为的开发人员，支持丰富路由基础结构的应用程序；为测试驱动的开发提供了更好的支持，非常适合大型团队来开发 Web 应用程序。

ASP.NET Web 窗体应用程序支持通过 HTTP 保留状态的事件模型，适合开发业务型 Web 应用程序；使用页面控制器模式向单个页面添加功能，针对基于服务器的窗体使用视图状态，便于管理状态信息；非常适合小型团队快速开发 Web 应用程序；从程序开发的角度，因为可用组件很多，通常会比 MVC 框架使用更少的代码。

ASP.NET Web 窗体应用程序中如何使用路由，是本小节的重点。ASP.NET 路由可以处理映射到 Web 应用程序中的物理文件的 URL 请求。ASP.NET MVC 框架支持丰富路由基础结构的应用程序，默认情况下，路由都是开启的。而 ASP.NET Web 窗体应用程序中使用路由，需要先启用路由。

创建一个 ASP.NET 网站项目，命名为"WebSite_Route"。项目开发环境 Visual Studio 2010，应用程序在 IIS 7.0 集成模式下运行。启用路由的具体步骤如下：

1. 修改配置文件，打开"Web.config"配置文件，找到"<system.webServer>"配置节，添加 UrlRoutingModule 类到 modules 元素，添加语句如下：

```
<system.webServer>
  <modules runAllManagedModulesForAllRequests="true"/>
  <modules>
    <remove name="UrlRoutingModule"/>
```

```
            <add name="UrlRoutingModule" type="System.Web.Routing.UrlRoutingModule,
System.Web.Routing,        Version=4.4.0.0,        Culture=neutral,
PublicKeyToken=31BF3856AD364E35"/>
        </modules>
    </system.webServer>
```

2. 继续在配置文件"<system.webServer>"配置节,添加 UrlRoutingHandler 类到 handlers 元素,添加语句如下:

```
<system.webServer>
    <modules runAllManagedModulesForAllRequests="true"/>
    <modules>
      <remove name="UrlRoutingModule"/>
      <add name="UrlRoutingModule" type="System.Web.Routing.UrlRoutingModule,
System.Web.Routing,        Version=4.4.0.0,        Culture=neutral,
PublicKeyToken=31BF3856AD364E35"/>
    </modules>
    <handlers>
      <add    name="UrlRoutingHandler"    preCondition="integratedMode"    verb="*"
path="UrlRouting.axd"        type="System.Web.HttpForbiddenHandler,
System.Web,    Version=2.0.0.0,        Culture=neutral,
PublicKeyToken=b03f5f7f11d50a3a"/>
    </handlers>
</system.webServer>
```

3. 为路由创建一个自定义路由处理程序,创建实现 IRouteHandler 接口的类,实现 GetHttpHandler 方法。具体实现过程是在网站的解决方案资源管理中添加"App_Code"文件夹,添加"TRouteHandle"类,修改后的代码如下:

```
using System;
using System.Collections.Generic;
using System.Linq;
using System.Web;
using System.Web.Routing;
using System.Web.UI;
using System.Web.Compilation;
public class TRouteHandler : IRouteHandler
{
    public TRouteHandler(string virtualPath)
    {
        this.VirtualPath = virtualPath;
    }
    public string VirtualPath { get; private set; }
```

```csharp
public IHttpHandler GetHttpHandler(RequestContext requestContext)
{
    var page = BuildManager.CreateInstanceFromVirtualPath
        (VirtualPath, typeof(Page)) as IHttpHandler;
    return page;
}
}
```

4. 注册自定义处理程序，打开"Global.asax"文件，先将导入 System.Web.Routing 命名空间的指令添加到 Global.asax 文件；然后在"Global.asax"文件中创建一个 RegisterRoutes 方法，将路由定义添加到 RouteTable 类的 Routes 属性中；接着从 Application_Start() 事件处理程序中调用该方法，代码如下：

```
<%@ Application Language="C#" %>
<%@ Import Namespace="System.Web.Routing" %>
<script runat="server">
    void Application_Start(object sender, EventArgs e)
    {
        RegisterRoutes(RouteTable.Routes);//调用 RegisterRoutes 方法
    }
    public static void RegisterRoutes(RouteCollection routes)//RegisterRoutes 方法
    {
        routes.Add("RouteTRoute", new Route
        (
            "T1/RouteT",
            new TRouteHandler("~/WebT/T1/RouteT.aspx")
        ));
    }
```

5. 在网址中添加文件夹"WebT"，再在"WebT"文件夹添加文件夹"T1"，然后添加 Web 窗体"RouteT"，在页面中输入文本"WebForm Routing Test success."，代码如下：

```
<body>
    <form id="form1" runat="server">
    <div>
        WebForm Routing Test success.
    </div>
    </form>
</body>
```

6. 在浏览器输入网址"http://localhost/WebSite_Route/T1/RouteT"或"http://localhost/WebSite_Route/WebT/T1/RouteT.aspx"，显示"RouteT.aspx"页面，如图 8-8 所示。

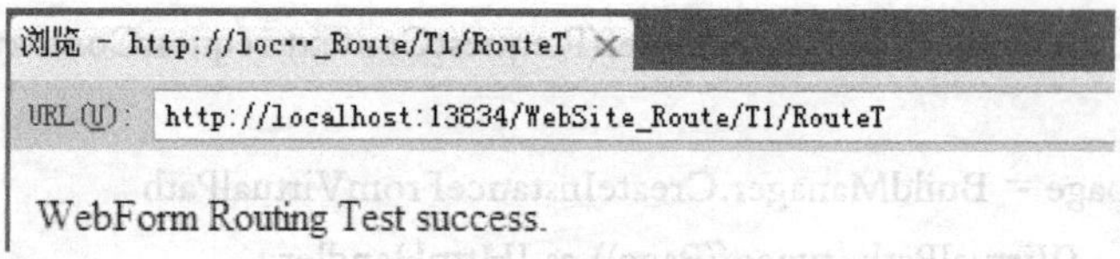

图 8-8 路由调试

综上所述，Web 应用程序的 URL 请求可以是 Web 应用程序中的物理文件的路径，也可以是 ASP.NET 路由，它们都可以映射到具体的请求页面。

本章小结

本章的主要内容是在某项目中使用各种路由，如何进行路由比对和路由映射，以及路由调试，如何使用自定义路由。最后我们还掌握了如何在 Web 窗体项目中应用网址路由，多方位地了解了路由的特点。

习题

8-1　什么是网址路由？
8-2　路由常见用法有哪些？
8-3　路由调试工具有哪些？
8-4　创建一个简易的 ASP.NET 网站，并启用路由。

综合案例

概述

本章将在现有的 ASP.NET MVC 网上书店项目中实现购物车功能，用户可以将选好的书籍添加到购物车或者对购物车中的商品进行管理。

主要任务

- 编写购物车相关数据访问代码
- 创建购物车视图所需的 ViewModel
- 创建购物车控制器
- 创建购物车视图
- 用 AJAX 方式管理购物车中的书籍

实施步骤

1. 编写购物车逻辑代码

按照本书第 3 章介绍的库模式创建购物车相关的数据库访问代码，首先根据功能需求定义接口，在项目的 "Models" 文件夹下，创建一个 "IShoppingCart.cs" 文件，并添加如下代码：

```csharp
using System;
using System.Collections.Generic;
using System.Linq;
using System.Web;
namespace MvcBookStore.Models
{
    public interface IShoppingCart
    {
        //存放购物车 ID
        string ShoppingCartId { get; set; }
        //获取临时购物车 ID
        string GetCartId(HttpContextBase c);
        //添加到购物车,数量加 1 或删除行
        void AddToCart(int bookId);
        //从购物车删除,数量减 1 或删除行
        int RemoveFromCart(int id);
        //清空购物车
        void EmptyCart();
        //获取购物车列表
        IList<Carts> GetCartItems();
        //获取购物总数
        int GetCount();
        //获取购物总价
        decimal GetTotal();
        //创建订单
        int CreateOrder(Orders order);
        //根据 RecordId 获取书籍
        Books GetBookByRecordId(int id);
        //将当前购物车物品转移到用户
        void MigrateCart(string userName);
    }
}
```

接口创建完成后,根据接口的定义,创建"ShoppingCart"类实现接口,同样在项目的"Models"文件夹下,创建一个"ShoppingCart.cs"文件,并实现该类,具体代码如下:

```csharp
using System;
using System.Collections.Generic;
using System.Linq;
using System.Web;
namespace MvcBookStore.Models
{
```

```csharp
public class ShoppingCart:IShoppingCart
{
    public string ShoppingCartId { get; set; }
    public const string CartSessionKey = "CartId";
    // 获取购物车唯一 id
    public string GetCartId(HttpContextBase c)
    {
        if (c.Session[CartSessionKey] == null)
        {
            if (!string.IsNullOrWhiteSpace(c.User.Identity.Name))
            {
                c.Session[CartSessionKey] =
                    c.User.Identity.Name;
            }
            else
            {
                // Generate a new random GUID using System.Guid class
                Guid tempCartId = Guid.NewGuid();
                // Send tempCartId back to client as a cookie
                c.Session[CartSessionKey] = tempCartId.ToString();
            }
        }
        ShoppingCartId = c.Session[CartSessionKey].ToString();
        return c.Session[CartSessionKey].ToString();
    }
    public void AddToCart(int bookId)
    {
        using (var db = new MvcBookStoreEntities())
        {
            // 获取购物车中的条目
            var cartItem = db.Carts.SingleOrDefault(c => c.CartId == ShoppingCartId && c.BookId == bookId);
            if (cartItem == null)
            {
                // 添加新条目
                cartItem = new Carts
                {
                    BookId = bookId,
                    CartId = ShoppingCartId,
                    Count = 1,
```

```csharp
                    DateCreated = DateTime.Now
                };
                db.AddToCarts(cartItem);
            }
            else
            {
                //现有条目数量加1
                cartItem.Count++;
            }
            db.SaveChanges();
        }
    }
    public int RemoveFromCart(int id)
    {
        using (var db = new MvcBookStoreEntities())
        {
            // 获取购物车中的条目
            var cartItem = db.Carts.SingleOrDefault(cart => cart.RecordId==id);
            int itemCount = 0;
            if (cartItem != null)
            {
                if (cartItem.Count > 1)
                {
                    cartItem.Count--;
                    itemCount = cartItem.Count;
                }
                else
                {
                    db.DeleteObject(cartItem);
                }
                db.SaveChanges();
            }
            return itemCount;
        }
    }
    public void EmptyCart()
    {
        using (var db = new MvcBookStoreEntities())
        {
            var cartItems = db.Carts.Where(cart => cart.CartId == ShoppingCartId);
```

```csharp
            foreach (var cartItem in cartItems)
            {
                db.DeleteObject(cartItem);
            }
            db.SaveChanges();
        }
    }
    public IList<Carts> GetCartItems()
    {
        using (var db = new MvcBookStoreEntities())
        {
            return db.Carts.Include("Books").Where(cart => cart.CartId ==
                                ShoppingCartId).ToList();
        }
    }
    public int GetCount()
    {
        using (var db = new MvcBookStoreEntities())
        {
            // 查询每件物品的数量并求和
            int? count = (from cartItems in db.Carts
                          where cartItems.CartId == ShoppingCartId
                          select (int?)cartItems.Count).Sum();
            // 如果空值则返回 0
            return count ?? 0;
        }
        /*int? : 表示可空类型, 就是一种特殊的值类型, 它的值可以为 null
           用于给变量设初值的时候, 给变量（int 类型）赋值为 null, 而不是 0
           int? ? : 用于判断并赋值, 先判断当前变量是否为 null,
                如果是就可以赋一个新值, 否则跳过
        */
    }
    public decimal GetTotal()
    {
        using (var db = new MvcBookStoreEntities())
        {
            // 查询购物车中每件物品乘以数量的价格再求和
            decimal? total = (from cartItems in db.Carts
                              where cartItems.CartId == ShoppingCartId
```

```csharp
                                select (int?)cartItems.Count
cartItems.Books.Price).Sum();
            return total ?? decimal.Zero;
        }
    }
    public int CreateOrder(Orders order)
    {
        decimal orderTotal = 0;
        var cartItems = GetCartItems();
        using (var db = new MvcBookStoreEntities())
        {
            // 将全部购物车商品加入到 orderdetails 表
            foreach (var item in cartItems)
            {
                var orderDetail = new OrderDetails
                {
                    BookId = item.BookId,
                    OrderId = order.OrderId,
                    UnitPrice = item.Books.Price,
                    Quantity = item.Count
                };
                // 计算商品总价
                orderTotal += (item.Count * item.Books.Price);
                db.AddToOrderDetails(orderDetail);
            }
            // 设置订单总价格
            order.Total = orderTotal;
            db.SaveChanges();
        }
        // 清空购物车
        EmptyCart();
        // 返回订单 id
        return order.OrderId;
    }
    public Books GetBookByRecordId(int id)
    {
        using (var db = new MvcBookStoreEntities())
        {
            var r = db.Carts.Include("Books").Single(c => c.RecordId == id);
            return r.Books;
```

```csharp
        }
    }
    //将当前购物车物品转移到用户
    public void MigrateCart(string userName)
    {
        using (var db = new MvcBookStoreEntities())
        {
            var shoppingCart = db.Carts.Where(c => c.CartId == ShoppingCartId);
            foreach (Carts item in shoppingCart)
            {
                item.CartId = userName;
            }
            db.SaveChanges();
        }
    }
}
```

2. 为购物车视图创建 ViewModel

在本项目中，购物车对应的实体模型类 Carts 包含了大量字段，有些字段是购物车视图不需要的。出于安全性考虑，不建议直接将 Carts 实体模型类直接绑定到视图，同时修改 Carts 实体模型类使之满足视图的要求也不合适，因为实体模型的首要任务是表示数据。

解决问题的最好办法是使用 ViewModel。我们可以按照视图的要求自定义 ViewModel 模型类。控制器可以填充 ViewModel 实体类，然后将这些为视图定义的实体类传递给要使用的视图模板。

首先，我们在项目中添加一个 ViewModels 文件夹，如图 8-9 所示。

图 8-9 创建 ViewModels 文件夹

在 ViewModels 文件夹中添加一个"ShoppingCartViewModel.cs"文件,然后在该文件中创建 ShoppingCartViewModel 类,用于购物车视图,具体代码如下:

```
using System;
using System.Collections.Generic;
using System.Linq;
using System.Web;
using MvcBookStore.Models;
namespace MvcBookStore.ViewModel
{
    public class ShoppingCartViewModel
    {
        public IList<Carts> CartItems { get; set; }
        public decimal CartTotal { get; set; }
    }
}
```

接着,在 ViewModels 文件夹中添加一个"ShoppingCartRemoveViewModel.cs"文件,然后在该文件中创建 ShoppingCartRemoveViewModel 类,用于删除购物车中的书籍时显示的视图,具体代码如下:

```
using System;
using System.Collections.Generic;
using System.Linq;
using System.Web;
using MvcBookStore.Models;
namespace MvcBookStore.ViewModel
{
    public class ShoppingCartRemoveViewModel
    {
        public string Message { get; set; }
        public decimal CartTotal { get; set; }
        public int CartCount { get; set; }
        public int ItemCount { get; set; }
        public int DeleteId { get; set; }
    }
}
```

最后,编译项目,没有错误的话则购物车相关 ViewModel 类创建完成。

3. 创建购物车控制器

根据第 2 章中讲到的方法,创建一个名为"ShoppingCartController"的控制器,控制器创建设置如图 8-10 所示。

图 8-10 创建 ShoppingCart 控制器

购物车控制器有三个主要目的：将项目添加到购物车、从购物车删除项目和查看购物车中的项目。根据需求，完成后的 ShoppingCartController 类代码如下：

```
using System;
using System.Collections.Generic;
using System.Linq;
using System.Web;
using System.Web.Mvc;
using MvcBookStore.ViewModel;
using MvcBookStore.Models;
namespace MvcBookStore.Controllers
{
    public class ShoppingCartController : Controller
    {
        IShoppingCart _shoppingCart;
        IBookRepository _bookRepository;
        public ShoppingCartController()
        {
            _shoppingCart = new ShoppingCart();
            _bookRepository = new BookRepository();
        }
        // GET: /ShoppingCart/
        public ActionResult Index()
        {
            _shoppingCart.GetCartId(this.HttpContext);
            // 初始化视图模型
```

```csharp
    var viewModel = new ShoppingCartViewModel
    {
        CartItems = _shoppingCart.GetCartItems(),
        CartTotal = _shoppingCart.GetTotal()
    };
    // 返回视图模型
    return View(viewModel);
}
// GET: /Store/AddToCart/5
public ActionResult AddToCart(int id)
{
    _shoppingCart.GetCartId(this.HttpContext);
    //确定 id 是否有效
    Books b = _bookRepository.GetBookById(id);
    if (b != null)
    {
        //将对应编号的书籍加入到购物车
        _shoppingCart.AddToCart(id);
    }
    //回到购物车首页
    return RedirectToAction("Index");
}
// AJAX: /ShoppingCart/RemoveFromCart/5
[HttpPost]
public ActionResult RemoveFromCart(int id)
{
    _shoppingCart.GetCartId(this.HttpContext);
    // 获取书籍信息返回确认消息
    Books b = _shoppingCart.GetBookByRecordId(id);
    // 从购物车删除
    int itemCount = _shoppingCart.RemoveFromCart(id);
    // 显示确认消息
    var results = new ShoppingCartRemoveViewModel
    {
        Message = Server.HtmlEncode("《" + b.Title + "》") +
            "已经从购物车中删除",
        CartTotal = _shoppingCart.GetTotal(),
        CartCount = _shoppingCart.GetCount(),
        ItemCount = itemCount,
        DeleteId = id
```

```
        };
        return Json(results);
    }
    // GET: /ShoppingCart/CartSummary
    [ChildActionOnly]
    public ActionResult CartSummary()
    {
        _shoppingCart.GetCartId(this.HttpContext);
        ViewData["CartCount"] = _shoppingCart.GetCount();
        return PartialView("CartSummary");
    }
  }
}
```

4. 创建购物车视图

利用之前创建好的 ViewModel 类创建强类型购物车视图，视图创建设置如图 8-11 所示。

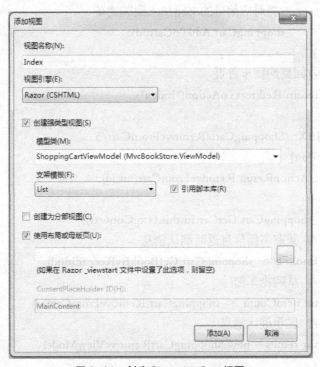

图 8-11 创建 ShoppingCart 视图

购物车视图的主要功能是浏览购物车中的书籍和删除购物车中的书籍，我们可以对现有的视图代码稍做调整，以实现浏览购物车功能，具体视图代码如下：

```
@model MvcBookStore.ViewModel.ShoppingCartViewModel
@{
    ViewBag.Title = "购物车";
```

```
    }
    <h3>
        <b>我的购物车</b>:
    </h3>
    <table>
        <tr>
            <th>
                书名
            </th>
            <th>
                价格
            </th>
            <th>
                数量
            </th>
            <th></th>
        </tr>
        @foreach (var item in Model.CartItems)
        {
            <tr id="row-@item.RecordId">
                <td>
                    @Html.ActionLink(item.Books.Title, "书籍明细", "Store",
                        new { id = item.BookId }, null)
                </td>
                <td>
                    @item.Books.Price
                </td>
                <td id="item-count-@item.RecordId">
                    @item.Count
                </td>
                <td>
                    <a href="#" class="RemoveLink" data-id="@item.RecordId">从购物车移除</a>
                </td>
            </tr>
        }
        <tr>
            <td>
                总数
            </td>
```

```
            <td>
            </td>
            <td>
            </td>
            <td id="cart-total">
                @Model.CartTotal
            </td>
        </tr>
</table>
```

运行项目，往购物车中添加书籍后，浏览"/ShoppingCart"，可以看到购物车中的书籍，如图 8-12 所示。

图 8-12　购物车页面

5. 实现以 AJAX 方式管理购物车

通过上述步骤，虽然实现了购物车，但我们还不能对购物车中的书籍进行管理。目前单击购物车中的"从购物车中移除"没有任何效果。接下来，我们将打开"ShoppingCart\Index.cshtml"文件，在购物车视图模板中添加 JavaScript 代码，使"从购物车中移除"链接能够将书籍移除请求以 AJAX 方式发送给 ShoppingCartController 控制器的 RemoveFromCart 动作，具体实现代码如下：

```
@section scripts{
<script type="text/javascript">
    $(function () {
        // 移除购物车事件
        $(".RemoveLink").click(function () {
            // 获取需要移除的书籍的 id
            var recordToDelete = $(this).attr("data-id");
            if (recordToDelete != '') {
                // Ajax 调用
                $.post("/ShoppingCart/RemoveFromCart", { "id": recordToDelete },
                    function (data) {
                        // 如果调用成功
                        // 更新页面元素
                        if (data.ItemCount == 0) {
                            $('#row-' + data.DeleteId).fadeOut('slow');
                        } else {
                            $('#item-count-' + data.DeleteId).text(data.ItemCount);
```

```
            }
            $('#cart-total').text(data.CartTotal);
            $('#update-message').text(data.Message);
            $('#cart-status').text('购物车 (' + data.CartCount + ')');
        });
    }
    });
});
</script>
}
```

上述代码段添加完成后,再次编译并运行项目,添加书籍到购物车,此时再单击"从购物车中移除"链接,将可以看到页面在不用刷新的情况下实现了链接对应书籍条目的移除。

第 9 章
单元测试

本章导读

本章将介绍单元测试与测试驱动开发的基本概念。并介绍如何用 Visual Studio 2010 进行 ASP.NET MVC 项目的单元测试。

本章要点

- 单元测试与测试驱动开发
- MVC 项目中的单元测试
- MVC 单元测试技巧

9.1 单元测试与测试驱动开发

9.1.1 单元测试

单元测试是软件测试的重要组成部分。"单元"是指应用程序里的最小可测试模块,像面向过程编程里的函数与过程,面向对象编程里的类与方法等。单元测试程序一般由程序开发人员自行开发,单元测试程序之间相互独立。

1. 优势

单元测试的目标是把程序模块隔离,并证明程序模块的正确性。单元测试提供了程序模块必须达到的严格的标准。它具有如下优势。

较早发现代码的问题。单元测试在软件开发过程中帮助程序员较早发现代码中的问题。在测试驱动开发(Test-driven development,TDD)里,单元测试在编写代码之前设计好,通过单元测试的代码才被当成正确的代码。单元测试会被重复执行以应对测试模块代码的变化。单元测试能够方便地定位与跟踪代码里的错误,可以帮助开发团队在代码交给测试人员与客户前发现代码里的问题。

方便代码重构。单元测试需要为所有的函数与方法编写测试代码,当代码重构产生错误时,开发人员可以较早地找到问题。

简化集成。单元测试可以减少程序模块单元里的不确定性,它用在自底向上的测试方式里,可以让集成测试变得更容易。

文档化优势。单元测试提供了文档，开发人员可以通过查看文档对程序模块的功能有基本的了解。单元测试里包含了重要特征，这些特征能够提示程序模块是否被正确使用，捕获程序里误操作行为。单元测试以文档形式记录这些特征。

设计优势。当采用测试驱动开发方法时，代码重构变得更安全。把单元测试当作设计文档的好处是，单元测试可以对设计的具体实现进行验证。

2. 接口与实现相互独立

程序里类与类之间常常相互引用，但是单元测试不应超出当前类的范围，比如与数据访问层交互。这样出现错误后不知道错误是由哪个类产生的。开发人员应当设计一个数据库查询接口，用 mock 对象实现这些接口。这样才能保证独立的程序模块被完全地测试。这也可以让程序模块具有更好的可维护性。

3. 局限性

当然，单元测试也有一些局限性。第一，单元测试无法捕获程序中的所有错误，因为它不能把程序里的每个执行路径覆盖到。单元测试只测试程序模块的功能性。单元测试无法捕获程序模块集成产生的错误或系统级的错误。单元测试应当与其他软件测试方法一起应用。第二，软件测试是排列组合问题，每一个测试都有"true"与"false"两种结果。每一行程序代码都要编写三到五行测试代码，过程非常的耗时。也有部分程序不适合进行测试，比如不确定的程序或多线程程序。第三，单元测试的另一个困难是如何建立真实的、有用的测试代码。必须为单元测试设置正确的初始条件，如果初始条件设置错误也会影响单元测试的结果。第四，开发人员应每天查看测试代码失败情况，并及时修改。如果开发团队忽略这项工作，会导致应用程序开发与测试过程的不同步，增加程序错误率，降低测试工具的有效性。最后，在嵌入式系统里单元测试也有它的局限性。通常嵌入式程序在开发时使用的平台与实际运行使用的平台是不同的，所以单元测试无法测试程序在真实环境里的正确性。

4. 应用

单元测试是极限编程的基础，极限编程需要自动的单元测试框架。极限编程采用测试驱动开发的方法，以单元测试促进开发的过程。开发人员编写单元测试可以展示软件需求或代码错误。所以，开发人员需编写最简单的程序通过测试。程序里大部分代码都会被单元测试，但是并非所有的路径都被测试。极限编程的宗旨是"test everything that can possibly break"，而不是"test every execution path"，开发人员可以编写较少的测试代码，应用有限的资源进行针对性测试。

测试代码应当提前开发，并像被测试程序代码一样维护。代码库里同时保存着两种代码。单元测试通常是自动方式运行，也可以手动方式运行。使用自动测试框架可以记录测试过程日志，标记测试里的错误，并生成测试报告。单元测试的目标是隔离程序模块，并测试它的正确性。隔离程序模块能够揭示代码之间的依赖关系。单元测试让开发人员编写更好的代码，养成好的编程习惯。

单元测试框架通常是第三方产品。它们帮助简化单元测试过程，适用多种编程语言。开源的测试框架包括xUnit，商业测试框架包括TBrun、JustMock、Isolator.NET、Isolator++、Parasoft Test（C/C++test，Jtest，dotTEST）、Testwell CTA++与VectorCAST/C++。

9.1.2 测试驱动开发

测试驱动开发（Test-driven development，TDD）是一个软件开发过程，这是个迭代的过程：首先，开发者编写一个单元测试程序以定义新的功能或功能改进；其次，生成最少的程序模块代码以通过测试；最后，重构程序代码以达到规定的标准。测试驱动开发遵从极限编程中"测试优先"的概念。

1. 测试驱动开发的周期

添加一个新测试。在测试驱动开发方法里，开发人员需要为每个新功能编写一个单元测试程序。这个测试必然会失败，因为它是在被测试的功能实现之前编写。为了编写一个测试程序，开发人员必须清楚地理解功能的规范与需求。开发人员可以通过 UML 用例（user cases）或用户故事（user stories）实现这一点，以覆盖程序的需求与异常条件。开发人员可以在任何适合软件环境的测试框架中编写单元测试程序。测试驱动开发与先编码后编写单元测试的方法的区别是，测试驱动开发让开发人员在编码前更加关注需求。

运行全部测试，观察新测试是否失败。运行整个测试项目，看新测试程序是否会失败。这可以保障整个测试项目能够正确地运行，新的测试程序不会在缺少被测代码的情况下测试通过。这一步也对测试本身进行了测试，它排除了新的测试程序结果总是测试通过的情况，因此这项工作是有意义的。这增加了开发人员的信心，即新的测试程序可以测试正确的代码，并且只在指定的条件下通过测试。

编写被测试代码。新代码可能比较随意，只是通过了测试，在后续的步骤里进行改进。当前编写代码仅仅是为了通过测试，没有更多的功能性要求。

运行测试。如果全部测试通过，开发人员可以说代码都满足了测试的需求。这是后续工作的基础。

重构代码。开发人员必须对代码进行清理，删除功能重复的代码，确保变量名与方法名有意义。重新运行测试，开发人员可以知道代码重构有没有破坏现有的功能。

迭代。创建一个新的测试，以这种迭代的方法完善软件的功能。如果新代码没有通过新建的测试，或者让现有测试没有通过，开发人员应当还原撤销代码，进行认真调试。这种连续性的集成方式提供了可撤销的还原点。

2. 开发风格

测试驱动开发在许多方面都会被用到。由于只编写可以通过测试的代码，设计过程就简洁而清晰。

测试代码编写应当先于被测试程序代码。这样做的好处是，它确保了程序代码是可测试的，开发人员应当在编写程序代码之前考虑如何测试程序，而不是之后考虑；它也确保了每个功能都会被测试；此外，优先编写测试促使开发人员更深入更早地理解软件需求，确保了测试的有效性，让开发人员持续地关注产品的质量。如果优先编写程序代码，开发人员或开发团队可能忽略测试的重要性。

第一个测试程序的失败，说明测试程序可以开始工作，并可以捕获错误。出现错误就说明，可以编写相应的功能代码。测试驱动开发重复着这样的过程：新建一个单元测试程序，测试失败，通过测试，重构代码。

对测试驱动开发而言，单元是一个类或一组相关功能，通常称为模块。保持单元"小"的特点，能较好地跟踪错误；并且，小程序更具有可读性，方便理解。

3. 优势

研究表明，使用测试驱动开发的方式需要编写更多的测试程序，而编写更多测试程序的开发人员也会更多产。

测试驱动开发提供的不仅是简单的正确性验证，也可以促进程序的设计。优先编写测试程序，促使开发人员设想客户如何使用这些功能。所以，开发人员在编写程序模块的代码之前首先关注程序模块的接口。

开发人员的首要任务是如何通过测试。异常情况与错误处理在初始时候都不会考虑，这些问题的测试程序会单独再创建。测试驱动开发确保所有编写的代码至少被一个测试程序覆盖。这让开发团队与用户对代码更有信心。

大量的测试可以减少代码里错误的数量。较早的频繁的测试帮助在开发周期的早期捕获错误，防止这些错误变成更大的问题。

测试驱动开发会产生更多的模块化、灵活与可扩展的代码。它促使开发人员编写更小更容易测试的程序单元进行集成，编写那些小的、高内聚的类，以及低耦合、清晰的接口。

4．局限性

测试驱动开发也有一些局限性。首先，单元测试代码通常是开发人员自行编写的。测试代码与程序代码可能包含相同的盲点。举个例子，开发人员编写代码时如果没有意识到要对方法的某个输入参数进行检查，那么在编写测试代码时可能也忽略了这个问题。或者开发人员曲解了程序模块需求的含义，那么测试代码与程序代码将出现错误，正确性验证也就没有意义。其次，测试代码也变成需要维护的一部分，因此应当让编写的测试代码更容易维护。最后，过度的测试是很费时的工作。开发人员需要编写过多的测试代码，需求变动后要重新编写测试代码。如果程序模块的设计更灵活，将不需要去修改测试代码。

5．fake 对象与 mock 对象

当程序模块代码依赖数据库、Web 服务或其他外部过程与服务时，需要建立外部过程的接口。接口实现的方式有两种，一是直接访问外部过程，二是应用 fake 对象或 mock 对象进行模拟。fake 对象与 mock 对象可以返回数据，这些数据表面上看是数据库或用户提供的数据。

9.2 MVC 项目中的单元测试

在 Visual Studio 2010 中建立 ASP.NET MVC 单元测试的方法非常简单，通过 Visual Studio 2010 的新建 "ASP.NET MVC 2 Web 应用程序" 的项目，即可自动创建默认的 Visual Studio 单元测试项目，如图 9-1 所示。

单元测试项目的名称是在 MVC 项目名称后面增加 ".Tests"（如项目名称为 "MvcApp"，单元测试项目名称则为 "MvcApp.Tests"）。

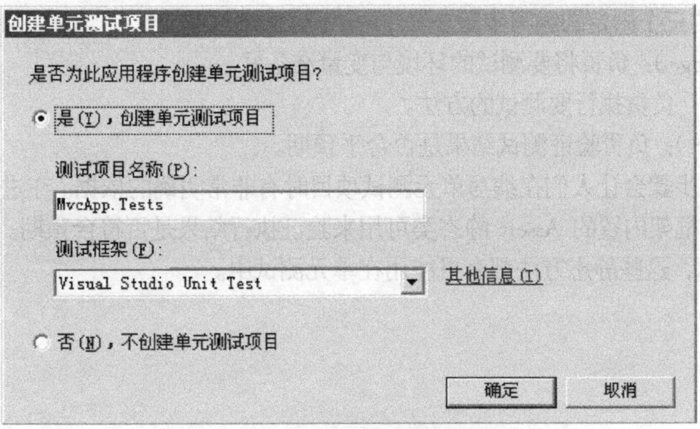

图 9-1 新建单元测试项目

9.2.1 默认单元测试

默认的应用程序模板为我们提供了足够的功能来开始一个应用程序。当创建新项目时，系统会自动打开 HomeController.cs 文件。HomeController.cs 文件中包含两个方法：Index 与 About，它们是 HomeCotroller 类的方法。下面以 Index 方法为例，介绍系统提供的默认单元测试，具体的代码如下：

```csharp
public ActionResult Index()
{
    ViewData["Message"] = "欢迎使用 ASP.NET MVC! ";
    return View();
}
```

Index 方法的代码非常简单。它只是使用 ViewData 对象保存弱类型数据，然后返回一个视图结果。在默认的单元测试项目中，Index 只有一个测试程序，以[TestMethod]标识。具体的代码如下：

```csharp
[TestMethod]
public void Index()
{
    // 排列
    HomeController controller = new HomeController();
    // 操作
    ViewResult result = controller.Index() as ViewResult;
    // 断言
    ViewDataDictionary viewData = result.ViewData;
    Assert.AreEqual("欢迎使用 ASP.NET MVC!", viewData["Message"]);
}
```

测试程序首先创建一个 HomeController 类的对象 controller；随后执行 controller 对象的 Index 方法，把返回的视图转换为 ViewResult 类型；最后获取 ViewData["Message"]的值，判断它是否与字符串"欢迎使用 ASP.NET MVC!"的值相等，如果相等则说明被测试项目里的 Index 方法执行结果正确，否则则说明执行结果错误。

上述单元测试代码包含了三个部分：排列、操作与断言。这也是每个单元测试的测试方法（TestMethod）的三个固定的编写步骤。

排列（Arrange）：负责将要测试的环境与变量准备好。

操作（Act）：负责执行要测试的方法。

断言（Assert）：负责验证测试结果是否合乎预期。

这些标准的步骤会让人们在编写单元测试项目时有非常明确的依据。在进行断言时，Visual Studio 单元测试框架内置的 Assert 静态类可用来验证执行结果是否符合预期。其对应的静态方法如表 9-1 所示，这些静态方法都有可能用在单元测试中。

表 9-1　Assert 类的常用方法

名称	说明
AreEqual	确认指定的值相等
AreNotEqual	确认指定的值不相等
AreSame	确认指定的对象变量参考相同的对象
AreNotSame	确认指定的对象变量参考不同的对象
Fail	直接判断失败
Inconclusive	表示无法证明判断提示的真假，也可用来表示尚未实现的判断提示
IsTrue	确认指定的条件是"true"
IsFalse	确认指定的条件是"false"
IsInstanceOfType	确认指定的对象是指定类的实体
IsNotInstanceOfType	确认指定的对象不是指定类的实体
IsNull	确认指定的对象是空值（null）
IsNotNull	确认指定的对象不是空值（null）

当编写好单元测试程序后，即可在 Visual Studio 中执行或调试单元测试程序，如图 9-2 所示。如果执行项目中所有的测试，可以单击工具栏上第一个圆圈里的按钮；如果要在测试项目中进行调试，可以单击工具栏上第二个圆圈里的按钮。

图 9-2　新建项目

执行完毕后，Visual Studio 窗口下方可看到执行的结果，如图 9-3 所示。编写单元测试程序之后必须重复进行单元测试，以确保项目的程序代码在被修改后也能通过测试。

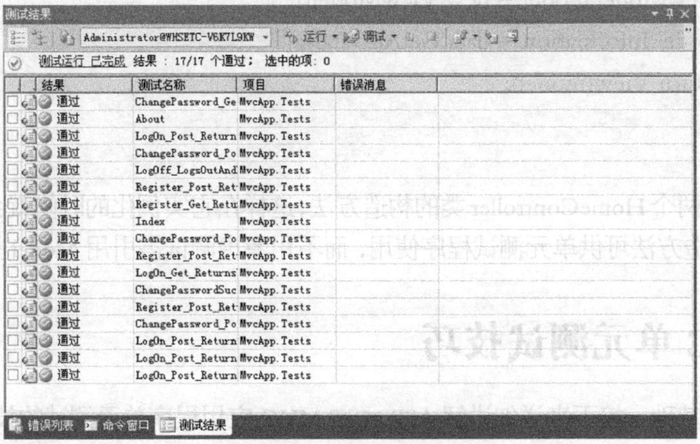

图 9-3　单元测试的结果

9.2.2 自定义单元测试

单元测试过程中,我们应当集中测试自己编写的代码,而不是它们所依赖的代码或逻辑。以数据库为中心的 ASP.NET MVC 应用程序为例,几乎所有的 Controller 都会通过 Model 取得数据,并通过 ViewData 对象或 View 方法将数据传递给 View。下面是一个简单示例:

```
public ActionResult Index()
{
    IRepository data = new Repository();      //访问数据模型的对象
    ViewModel model = new ViewModel();
    model.Information = data.GetAllData();
    return View(model);
}
```

在上面的程序中,要获取具体数据。但是,Repository 类是 Model 的程序代码,这些程序代码会访问数据库。所以,这些程序代码难以进行单元测试。为了解决代码之间的依赖问题,我们需要重载 HomeController 类的构造方法,具体的代码如下:

```
public class HomeController : Controller
{
    IRepository data;
    public HomeController()
    {
        this.data = new Repository();
    }
    public HomeController(IRepository data)
    {
        this.data = data;
    }
    public ActionResult Index()
    {
        ViewModel model = new ViewModel();
        model.Information = data.GetAllData();
        return View(model);
    }
}
```

我们建立了两个 HomeController 类的构造方法,这样在它实例化的时候就会创建 Repository 对象。这两个构造方法可供单元测试程序使用,而不用考虑测试需引用 Model 里的对象的问题。

9.3 MVC 单元测试技巧

有了前面的基础,接下来详细讲解 ASP.NET MVC 应用程序单元测试的技巧,包括控制器测试、应用 Mock 对象与路由测试等方面。

9.3.1 控制器测试

控制器测试主要是对 Controller 里的各类 Action 方法进行测试。我们将以一个简单的示例介绍控制器测试的方法。

具体步骤如下。

1. 在新建的"MvcApp"项目的 HomeController 类里添加一个新的方法，后面的单元测试程序将对此方法进行测试。具体的代码如下：

```
public ActionResult Save(string value)
{
    TempData["TheValue"] = value;
    return RedirectToAction("Display");
}
```

TempData 属性的类型为 TempDataDictionary，顾名思义是一个字典类。可用于在 Action 之间传值。简单地说，可以在执行某个 Action 的时候，将数据存放在 TempData 中，那么在下一次 Action 执行过程中可以使用 TempData 中的数据。RedirectToAction 方法是用作在 Action 之间实现跳转，执行上述代码可以实现从 Save 方法向相同控制器里的 Display 方法的跳转。

2. 在"MvcApp.Tests"项目里添加 Save 方法的测试程序，具体的代码如下：

```
[TestMethod]
public void SaveTest()
{
    // 排列
    var controller = new HomeController();
    // 操作
    var result = controller.Save("whvcse") as RedirectToRouteResult;
    // 断言
    Assert.IsNotNull(result, "Excepted the result to be a redirect");
    Assert.AreEqual("whvcse", controller.TempData["TheValue"]);
    Assert.AreEqual("Display", result.RouteValues["action"]);
}
```

上述代码首先创建了一个 HomeController 类的实例 controller，然后调用 controller 的 Save 方法并传入参数"whvcse"，把执行结果进行类型转换赋给变量 result，随后再调用 Assert 类的方法判断测试结果是否正确。Assert 进行了三方面的断言：一是判定 result 是否为空值，二是判断 TempData 保存的临时变量是否为"whvcse"，三是判断跳转的目标 Action 是否为"Display"。

3. 执行单元测试程序，查看测试的结果。

这样就实现了一个简单控制器测试。在编写控制器程序的时候应当注意，控制器里不要包含业务逻辑。在 MVC 模式里，控制器主要承担着模型（包含业务逻辑）与视图（包含用户界面）之间的协调者角色。控制器方法应当相对简单，而方法的单元测试程序也应当简单。好的单元测试会提供一个假的业务逻辑层，用来根据测试需要来告知控制器模型是否有效。

9.3.2 应用 Mock 对象

在单元测试里通常需要用到 Mock 对象。Mock 对象是一种模拟对象，开发人员可通过一些现成的 Mock 框架协助模拟出外部资源对象。其中，最常用的 Mock 框架是 Moq 框架。

Moq是一个针对.Net开发的模拟库，它从开始就完全充分利用了.NET3.5(LINQ表达式树)和C#3.0的新特性(lambda表达式)。它的目标是让模拟以一种自然的方式与现有单元测试进行集成，使它更加简单、直观，以避免开发人员被迫重写测试或高成本的学习测试框架。这使它成为了一个高生产力、类型安全、重构友好的模拟库。开发人员可以从http://code.google.com/p/moq/下载Moq的最新版本。

Moq可以创建模拟对象实例。我们可以在要模拟对象外包装一层，并且去模拟这个新对象。通常我们测试一个方法，它有可能调用好几个外部服务。但是每次都去访问这些服务的代价是很高的。我们可以通过模拟的方法让它模拟访问服务，并且根据不同请求模拟返回响应的结果。

Moq只需要一个接口类型就可以产生一个对象。Moq使用Castle DynamicProxy完成这个任务。基本原理就是它利用反射机制的Emit功能动态生成一个空类型(也就是所有接口的方法都实例化，但是没有任何功能，只是一个程序骨架)。所以Mock的能力就在于可以利用DynamicProxy的机制快速生产出一个假对象来，用于模仿真对象的行为。

下面我们将通过一个简单的示例，介绍如何应用Mock对象在ASP.NET MVC项目里进行单元测试。在编写程序之前，我们需要把"Moq.dll"文件添加到当前的单元测试项目的引用里，并在程序代码里引入此组件"using Moq"。具体的程序代码与单元测试代码如下：

```
// 创建一个需要被模拟的接口
public interface IFake
{
    bool DoSomething(string actionname);
}
// 接口的单元测试程序
[TestMethod]
public void Test_Interface_IFake()
{
    // 创建一个mock对象
    var mo = new Mock<IFake>();
    // 指定被模拟对象方法的参数与返回值
    mo.Setup(foo => foo.DoSomething("Ping"))
            .Returns(true);
    // 断言
    Assert.AreEqual(true, mo.Object.DoSomething("Ping"));
}
```

在上边的代码，我们通过传递泛型参数IFake去创建Mock<IFake>的实例模拟接口IFake。接下来我们要调用Setup()方法去创建我们的模拟对象。注意，Setup方法的参数是一个lambda表达式。我们可以这样理解：当被模拟的对象foo调用它自己的方法DoSomething()，并且参数是Ping。添加后缀Return (true)我们可以理解为前边的请求返回结果为真。这是我们指定的返回值。当一个请求调用DoSomething()方法时，如果传入的参数是Ping，那么我们会返回true。接下来，我们添加一个断言，去判断是否能得到预期结果。注意，foo仅仅是一个词用作通用替代真实的对象。

9.3.3 路由测试

默认的 ASP.NET MVC 项目模板会在 global.asax.cs 文件里注册两个路由，具体的代码如下：

```
public static void RegisterRoutes(RouteCollection routes)
{
    routes.IgnoreRoute("{resource}.axd/{*pathInfo}");
    routes.MapRoute(
        "Default", // 路由名称
        "{controller}/{action}/{id}", // 带有参数的 URL
        new { controller = "Home", action = "Index", id = UrlParameter.Optional } // 参数默认值
    );
}
```

默认情况下，路由机制将忽略那些映射到磁盘物理文件的请求，如 CSS、JPG 与 JS 等。ASP.NET 的路由机制提供了 IgnoreRoute 方法来处理这个问题，这个方法与 MapRoute 方法一起使用。上述代码就实现了忽略对*.axd 对象的请求。

MapRoute 方法用作映射指定的路由。在上述代码里，MapRoute 方法包含了三个参数：路由名称、路由的 URL 模式与路由参数段的默认值。下面分别对 IgnoreRoute 与 MapRoute 两个函数调用进行单元测试。

1．测试 IgnoreRoute 函数调用

IgnoreRoute 函数目的是忽略用户请求的路由。测试 IgnoreRoute 函数调用的具体代码如下：

```
[TestMethod]
public void IgnoreRouteTest()
{
    // 排列
    var mockContext = new Mock<HttpContextBase>();
    mockContext.Setup(c => c.Request.AppRelativeCurrentExecutionFilePath)
        .Returns("</handler.axd");
    var routes = new RouteCollection();
    MvcApplication.RegisterRoutes(routes);
    // 操作
    RouteDataValueProvider routeData = routes.GetRouteData(mockContext.Object);
    // 断言
    Assert.IsNotNull(routeData);
    Assert.IsInstanceOfType(routeData.RouteHandler, typeof(StopRoutingHandler));
}
```

"排列"部分创建了一个 HttpContextBase 类型的模拟容器。因为路由需要知道请求的 URL 是什么，所以它调用了 Request.AppRelativeCurrentExecutionFilePath。每次调用模拟对象的方法时，返回想要测试的 URL。随后创建了一个空的路由集合，并请求应用程序把它的路由注册到该集合里。然后"操作"部分要求路由从请求数据中获取路由数据，并返回一个 RouteData 实例。如果没有匹配的路由，RouteData 实例将会为空。因此，本次测试是要确保存在匹配路由。

我们不需要关心任何路由数据值，只需要知道匹配了一个忽略路由（ignore route）。

2. 测试 MapRoute 函数调用

MapRoute 函数是与应用程序功能实际匹配的路由。下面编写程序测试系统提供了默认的 MapRoute 路由，具体代码如下：

```
[TestMethod]
public void RouteToHomePage()
{
    var mockContext = new Mock<HttpContextBase>();
    mockContext.Setup(c=>c.Request.AppRelativeCurrentExecutionFilePath)
        .Returns("</");
    var routes = new RouteCollection();
    MvcApplication.RegisterRoutes(routes);

    RouteDataValueProvider routeData = routes.GetRouteData(mockContext.Object);

    Assert.IsNotNull(routeData);
    Assert.AreEqual("Home", routeData.Values["controller"]);
    Assert.AreEqual("Index", routeData.Values["action"]);
    Assert.AreEqual(UrlParameter.Optional, routeData.Values["id"]);
}
```

这个测试需要知道路由内部的数据值。路由机制填充 controller、action 与 id 的值。因为它包含了 3 个可替换部分，所以这里需要使用 4 个测试，它们的数据与结果如表 9-2 所示。

表 9-2　默认路由映射示例

URL	controller	action	id
~/	Home	Index	UrlParameter.Optional
~/Message	Message	Index	UrlParameter.Optional
~/Message/List	Message	List	UrlParameter.Optional
~/Message/Page/2	Message	Page	2

本章小结

本章主要介绍单元测试的概念与测试驱动开发的概念。以此为基础，我们介绍了 ASP.NET MVC 项目的默认单元测试程序，以及自定义单元测试代码依赖问题的解决方案。同时也介绍了一些单元测试的技巧，包括如何编写控制器方法的单元测试程序，如何应用 Mock 对象进行模拟以实现单元测试，以及如何对路由规则进行单元测试。

习题

9-1　什么是单元测试？什么是测试驱动开发？
9-2　创建一个自定义控制器方法的单元测试程序。
9-3　应用 Moq 创建模拟对象的原理是什么？

综合案例

概述

本章将在现有的 ASP.NET MVC 网上书店项目中实现购物车功能，用户可以将选好的书籍添加到购物车或者对购物车中的商品进行管理。

主要任务

- 迁移购物车中的商品到登录的用户名下
- 编写生成订单结算相关数据的访问代码
- 创建订单结算控制器
- 创建订单结算视图
- 定义订单数据验证规则
- 创建订单完成与订单错误视图

实施步骤

1. 迁移购物车中的商品到登录的用户名下

虽然用户可以匿名购书，但当用户单击"去结算"按钮时，他们将需要注册和登录。用户期望网站可以将他们匿名购买的商品迁移到他们的登录名下，所以网站需要在用户完成注册或登录时，将购物车信息与用户相关联。

首先在 AccountController 控制器类中加入对 IShoppingCart 接口的引用和实现，具体做法是在 AccountController 控制器类中声明一个属性和添加一个构造函数，代码如下：

```
//存放 IShoppingCart 实现的实例
IShoppingCart _shoppingCart;
//构造函数，创建 IShoppingCart 实现的实例
public AccountController()
{
    _shoppingCart = new ShoppingCart();
}
```

然后在 AccountController 控制器类的用户登录 Login 动作中加入迁移购物车数据的代码，如下：

```
[HttpPost]
[AllowAnonymous]
[ValidateAntiForgeryToken]
public ActionResult Login(LoginModel model, string returnUrl)
```

```csharp
{
    if (ModelState.IsValid &&
WebSecurity.Login(model.UserName, model.Password, persistCookie: model.RememberMe))
    {
        //迁移购物车
        _shoppingCart.GetCartId(this.HttpContext);
        _shoppingCart.MigrateCart(model.UserName);
        return RedirectToLocal(returnUrl);
    }
    // 如果我们进行到这一步时某个地方出错，则重新显示表单
    ModelState.AddModelError("", "提供的用户名或密码不正确。");
    return View(model);
}
```

最后在 AccountController 控制器类的用户注册 Register 动作中加入迁移购物车数据的代码，如下：

```csharp
[HttpPost]
[AllowAnonymous]
[ValidateAntiForgeryToken]
public ActionResult Register(RegisterModel model)
{
    if (ModelState.IsValid)
    {
        // 尝试注册用户
        try
        {
            WebSecurity.CreateUserAndAccount(model.UserName, model.Password);
            WebSecurity.Login(model.UserName, model.Password);
            //迁移购物车
            _shoppingCart.GetCartId(this.HttpContext);
            _shoppingCart.MigrateCart(model.UserName);
            return RedirectToAction("Index", "Home");
        }
        catch (MembershipCreateUserException e)
        {
            ModelState.AddModelError("", ErrorCodeToString(e.StatusCode));
        }
    }
    // 如果我们进行到这一步时某个地方出错，则重新显示表单
    return View(model);
}
```

2. 编写订单结算逻辑代码

按照本书第 3 章介绍的库模式创建订单结算相关的数据库访问代码，首先根据功能需求定义接口，在项目的"Models"文件夹下，创建一个"IOrdersRepository.cs"文件，并添加如下代码：

```csharp
using System;
using System.Collections.Generic;
using System.Linq;
using System.Web;
namespace MvcBookStore.Models
{
    public interface IOrdersRepository
    {
        //添加新订单
        void CreateOrder(Orders order);
        //检查订单所有者
        bool IsOrderOwner(int orderId,string userName);
    }
}
```

接口创建完成后，根据接口的定义，创建"OrderRepository"类实现接口，同样在项目的"Models"文件夹下，创建一个"OrderRepository.cs"文件，并实现该类，具体代码如下：

```csharp
using System;
using System.Collections.Generic;
using System.Linq;
using System.Web;
namespace MvcBookStore.Models
{
    public class OrderRepository : IOrdersRepository
    {
        public void CreateOrder(Orders order)
        {
            using (MvcBookStoreEntities db = new MvcBookStoreEntities())
            {
                db.AddToOrders(order);
                db.SaveChanges();
            }
        }
        public bool IsOrderOwner(int orderId, string userName)
        {
            using (MvcBookStoreEntities db = new MvcBookStoreEntities())
```

```
            {
                return db.Orders.Any(o => o.OrderId == orderId && o.Username == userName);
            }
        }
    }
}
```

上述代码编写完成后可以编译整个项目,以确保没有代码错误。

3. 创建订单结算控制器 CheckoutController

根据第 2 章中讲到的方法,创建一个名为"CheckoutController"的控制器,控制器创建设置如图 9-4 所示。

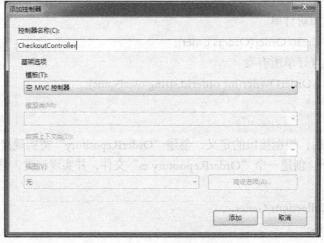

图 9-4 创建 Checkout 控制器

订单结算控制器的主要目的是接收和保存用户订单,而且订单结算控制器只有已登录的用户才能访问。根据需求,完成后的 CheckoutController 类代码如下:

```
using System;
using System.Collections.Generic;
using System.Linq;
using System.Web;
using System.Web.Mvc;
using MvcBookStore.Models;
namespace MvcBookStore.Controllers
{
    [Authorize]
    public class CheckoutController : Controller
    {
        IShoppingCart _shoppingCart;
        IOrdersRepository _orderRepository;
```

```csharp
const string PromoCode = "FREE";
public CheckoutController()
{
    _shoppingCart = new ShoppingCart();
    _orderRepository = new OrderRepository();
}
//
// GET: /Checkout/AddressAndPayment
public ActionResult AddressAndPayment()
{
    return View();
}
//
// POST: /Checkout/AddressAndPayment
[HttpPost]
public ActionResult AddressAndPayment(FormCollection values)
{
    var order = new Orders();
    //用控制器的值更新模型实例
    TryUpdateModel(order);
    try
    {
        if (string.Equals(values["PromoCode"], PromoCode,
            StringComparison.OrdinalIgnoreCase) == false)
        {
            return View(order);
        }
        else
        {
            order.Username = User.Identity.Name;
            order.OrderDate = DateTime.Now;
            //保存订单
            _orderRepository.CreateOrder(order);
            //添加订单商品细节信息
            _shoppingCart.GetCartId(this.HttpContext);
            _shoppingCart.CreateOrder(order);
            return RedirectToAction("Complete",
                new { id = order.OrderId });
        }
    }
```

```
        catch
        {
            //订单错误，显示错误消息
            return View("Error");
        }
    }
    //
    // GET: /Checkout/Complete
    public ActionResult Complete(int id)
    {
        // 检查用户是否是订单所有者
        bool isValid = _orderRepository.IsOrderOwner(id, User.Identity.Name);
        if (isValid)
        {
            return View(id);
        }
        else
        {
            return View("Error");
        }
    }
}
```

4. 创建订单结算视图

视图创建设置如图 9-5 所示。

图 9-5 创建 AddressAndPayment 视图

AddressAndPayment 视图的主要功能是接收用户提交的订单信息,并将订单数据保存到数据库,具体视图代码需做如下调整:

```
@model MvcBookStore.Models.Orders
@{
    ViewBag.Title = "订单结算页";
}
@using (Html.BeginForm())
{
    <h2>填写并核对订单信息</h2>
    <fieldset>
        <legend>订单信息</legend>
        @Html.EditorForModel()
    </fieldset>
    <fieldset>
        <legend>付款</legend>
        <p>全场免费优惠码: "FREE"</p>
        <div class="editor-label">
            @Html.Label("优惠码")
        </div>
        <div class="editor-field">
            @Html.TextBox("PromoCode")
        </div>
    </fieldset>
    <input type="submit" value="提交订单" />
}
@section Scripts {
    @Scripts.Render("~/bundles/jqueryval")
}
```

完成 AddressAndPayment 视图后,打开"ShoppingCart\Index.cshtml"文件,在 ShoppingCart 的 Index 视图模板中加入一个结算按钮就可以完成订单结算功能了。结算按钮代码如下:

```
<p class="button">
    @Html.ActionLink("去结算", "AddressAndPayment", "Checkout")
</p>
```

运行项目,添加书籍到购物车并单击"去结算"按钮,将可以看到如图 9-6 所示的提交订单页面。

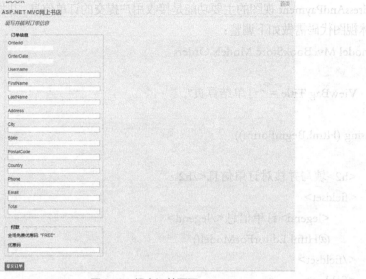

图 9-6 提交订单页面

5. 定义订单数据验证规则

如图 9-6 所示，目前的订单提交表单并不完善，其中的字段名称和错误提示信息都是系统默认的。下面将使用 Metadata 验证属性实现自定义订单验证。

具体做法为，打开"MetadataForEntity.cs"文件，创建一个 Orders 实体类的部分类，然后在这个部分类中新创建一个名为 OrdersMetadata 的类，让该类有和 Orders 实体类同名的属性，然后对 OrdersMetadata 类的属性定义验证特性，最后用 Metadata 验证属性将验证特性传递到 Orders 实体类中。具体代码如下：

```
using System;
using System.Collections.Generic;
using System.Linq;
using System.Web;
using System.ComponentModel.DataAnnotations;
namespace MvcBookStore.Models
{
    …//省略了其他 Metadata 类的定义

    [MetadataType(typeof(OrdersMetadata))]
    public partial class Orders
    {
        [Bind(Exclude = "OrderId")]
        private class OrdersMetadata
        {
            [ScaffoldColumn(false)]
            public int OrderId { get; set; }
            [ScaffoldColumn(false)]
```

```csharp
public System.DateTime OrderDate { get; set; }
[ScaffoldColumn(false)]
public string Username { get; set; }
[Required(ErrorMessage = "姓不能为空！")]
[DisplayName("姓")]
[StringLength(160)]
public string FirstName { get; set; }
[Required(ErrorMessage = "名不能为空！")]
[DisplayName("名")]
[StringLength(160)]
public string LastName { get; set; }
[Required(ErrorMessage = "地址不能为空！")]
[DisplayName("地址")]
[StringLength(70)]
public string Address { get; set; }
[Required(ErrorMessage = "城市不能为空！")]
[DisplayName("城市")]
[StringLength(40)]
public string City { get; set; }
[Required(ErrorMessage = "省份不能为空！")]
[DisplayName("省份")]
[StringLength(40)]
public string State { get; set; }
[Required(ErrorMessage = "邮政编码不能为空！")]
[DisplayName("邮政编码")]
[StringLength(10)]
public string PostalCode { get; set; }
[Required(ErrorMessage = "国家不能为空！")]
[DisplayName("国家")]
[StringLength(40)]
public string Country { get; set; }
[Required(ErrorMessage = "联系电话不能为空！")]
[DisplayName("联系电话")]
[StringLength(24)]
public string Phone { get; set; }
[Required(ErrorMessage = "邮件地址不能为空！")]
[DisplayName("邮件地址")]

[RegularExpression(@"[A-Za-z0-9._%+-]+@[A-Za-z0-9.-]+\.[A-Za-z]{2,4}",
    ErrorMessage = "电子邮件格式不正确！")]
```

```
        [DataType(DataType.EmailAddress)]
        public string Email { get; set; }
        [ScaffoldColumn(false)]
        public decimal Total { get; set; }
    }
}
```

运行项目，添加书籍到购物车并单击"去结算"按钮，将可以看到如图 9-7 所示的提交订单页面。此时页面上显示的就是是定义的字段和验证消息。

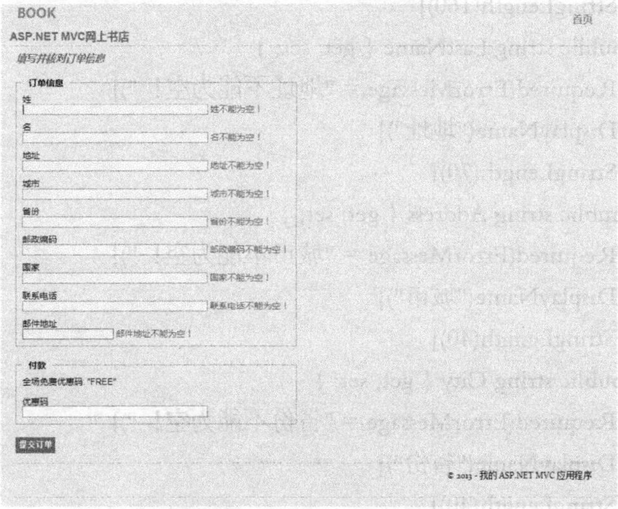

图 9-7　改善后的提交订单页面

6. 创建订单完成与订单错误视图

订单完成视图创建设置如图 9-8 所示。

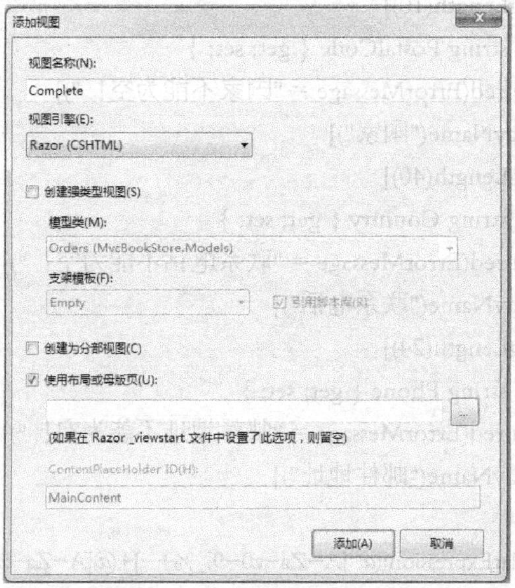

图 9-8　改善后的提交订单页面

打开自动创建好的 Complete 视图模板，按需求修改其代码，具体如下：
```
@model int
@{
    ViewBag.Title = "订单已提交";
}
<h2>订单已提交</h2>
<p>感谢惠顾本店！您的订单编号为: @Model</p>
<p>您可以继续浏览感兴趣的
    @Html.ActionLink("书籍","Index","Home")
</p>
```
运行项目并成功提交订单，将可以看到如图 9-9 所示的订单提交完成页面。

图 9-9　订单提交完成页面

接下来，按图 9-10 所示的设置创建订单提交错误视图。

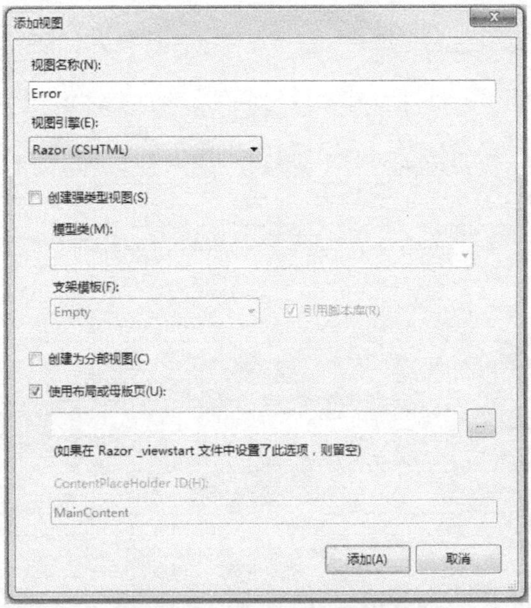

图 9-10　创建订单提错误视图

打开自动创建好的 Complete 视图模板，按需求修改其代码，具体如下：
```
@{
    ViewBag.Title = "错误";
}
<h2>错误</h2>
<p>未知错误，
```

您可以单击<a href="javascript:history.go(-1)">此处</a>
再试一次。</p>

运行项目并提交订单，如果出现错误，将可以看到如图 9-11 所示的订单提交完成页面。

图 9-11 订单提交错误页面

第 10 章 ASP.NET MVC 高级技术

 本章导读

本章将介绍 ASP.NET MVC 高级技术的应用，主要包括路由高级技术、视图模板技术与控制器的高级应用，对这些高级技术的学习能够帮助我们更加深入地了解 ASP.NET MVC 框架。

本章要点

- 路由高级应用
- 模板程序
- 控制器高级应用

10.1 路由高级应用

学习 ASP.NET MVC 路由机制比较容易，但是要做到熟能生巧灵活运用却需要掌握路由机制的一些高级应用。

10.1.1 扩展路由

路由重定向功能可以帮助开发人员实现对 ASP.NET 路由的有用扩展。正如专家所说的，"持久的 URL 不会改变"，重定向路由可以帮助支持这一功能。

路由机制的好处之一是，开发人员可以在开发期间通过操纵路由来改变 URL 结构。这样站点上的 URL 可以自动更新为正确的 URL，这是一个很有用的功能。但是，当站点部署到公共服务器上，这个特性就不能随便使用了，因为用户已经开始链接到已经部署的 URL 了。此时改变路由，会破坏传入的每个 URL。

此时可以通过重定向路由解决上述问题。开发人员可以编写重定向路由来接受原来的路由并把它重定向到一个新路由。

10.1.2 可编辑路由

通常情况下，ASP.NET MVC 应用程序一旦部署，就不能再改变应用程序的路由，除非重新编译应用程序并重新部署定义路由的程序集。

但是，我们可以在单独的类文件（如 Routes.cs）里定义路由，然后把类文件放在应用程序

的根目录下的 Config 文件夹里，如图 10-1 所示。

图 10-1 新建的路由文件

通过把此文件的"生成操作"属性值设置为"内容"，可以使得此文件不被编译到应用程序的程序集里，如图 10-2 所示。从创建时的编译中排除 Routes.cs 文件，可以让我们在运行时动态地编译它。

图 10-2 修改类文件属性

实现动态编辑路由的代码示例，可参考本章随书附带的例子。下面为 Routes.cs 的代码：

```
using System.Web.Mvc;
using System.Web.Routing;
using MvcApp;
public class Routes : IRouteRegistrar
{
    public void RegisterRoutes(RouteCollection routes)
    {
        routes.IgnoreRoute("{resource}.axd/{*pathInfo}");
        routes.MapRoute(
            "Default",
            "{controller}/{action}/{id}",
            new { controller = "Home", action = "Index", id = "" }
        );
```

    }
}
```

应用程序的 Global.asax.cs 文件的代码调用一个新的扩展方法来注册路由,具体的代码如下:

```csharp
protected void Application_Start()
{
    AreaRegistration.RegisterAllAreas();
    RouteTable.Routes.RegisterRoutes("~/Config/Routes.cs");
}
```

我们使用 ASP.NET BuildManager 来动态地创建 Routes.cs 一个文件里的程序集。然后根据此程序集,可以创建 Routes.cs 类型的实例,并将此实例转换为 IRouteHandler 类型。此外,我们使用 ASP.NET Cache 可以得到 Routes.cs 文件改变的通知,所以知道此文件需要重新创建。当文件改变使缓存无效时,ASP.NET Cache 允许我们在文件与调用方法上设置缓存依赖。

随后,我们可以添加指向 Routes.cs 文件与回调方法的缓存依赖,当 Routes.cs 文件改变时,回调方法可以用来重新载入路由,具体的代码如下:

```csharp
public static class RouteRegistrationExtensions
{
    public static void RegisterRoutes(this RouteCollection routes, string virtualPath)
    {
        routes.ReloadRoutes(virtualPath);
        ConfigFileChangeNotifier.Listen(virtualPath, vp => routes.ReloadRoutes(vp));
    }

    static void ReloadRoutes(this RouteCollection routes, string virtualPath)
    {
        var assembly = BuildManager.GetCompiledAssembly(virtualPath);
        var registrar = assembly.CreateInstance("Routes") as IRouteRegistrar;
        using (routes.GetWriteLock())
        {
            routes.Clear();
            registrar.RegisterRoutes(routes);
        }
    }
}

public class ConfigFileChangeNotifier
{
    private ConfigFileChangeNotifier(Action<string> changeCallback)
        : this(HostingEnvironment.VirtualPathProvider, changeCallback)
    {
```
```

```csharp
        }

        private ConfigFileChangeNotifier(VirtualPathProvider vpp, Action<string> changeCallback)
        {
            _vpp = vpp;
            _changeCallback = changeCallback;
        }

        VirtualPathProvider _vpp;
        Action<string> _changeCallback;

        // When the file at the given path changes,
        // we'll call the supplied action.
        public static void Listen(string virtualPath, Action<string> action)
        {
            var notifier = new ConfigFileChangeNotifier(action);
            notifier.ListenForChanges(virtualPath);
        }

        void ListenForChanges(string virtualPath)
        {
            // Get a CacheDependency from the BuildProvider,
            // so that we know anytime something changes
            var virtualPathDependencies = new List<string>();
            virtualPathDependencies.Add(virtualPath);
            CacheDependency cacheDependency = _vpp.GetCacheDependency(
                virtualPath, virtualPathDependencies, DateTime.UtcNow);
            HttpRuntime.Cache.Insert(virtualPath /*key*/,
                virtualPath /*value*/,
                cacheDependency,
                Cache.NoAbsoluteExpiration,
                Cache.NoSlidingExpiration,
                CacheItemPriority.NotRemovable,
                new CacheItemRemovedCallback(OnConfigFileChanged));
        }

        void OnConfigFileChanged(string key, object value, CacheItemRemovedReason reason)
        {
            // We only care about dependency changes
```

```
        if (reason != CacheItemRemovedReason.DependencyChanged)
            return;

        _changeCallback(key);

        // Need to listen for the next change
        ListenForChanges(key);
    }
}
```

通过编写这些代码，我们就可以在部署了应用程序之后，修改 Config 目录下的 Routes.cs 文件里的路由，而不用重新编译应用程序。

10.2 模板

模板辅助方法是 HTML 辅助方法的子集，其中包括 EditorFor 与 DisplayFor 辅助方法。因为它们使用模型元数据与模板来渲染 HTML 标记，所以通常称为模板辅助方法。下面是一个简单的模板程序示例，首先创建模型对象上的一个属性：

```
public decimal Price { get; set; }
```

可以使用 EditorFor 辅助方法为 Price 属性创建一个输入：

```
@Html.EditorFor(m=>m.Price)
```

渲染的结果 HTML 如下所示：

```html
<input class="text-box single-line" id="Price" name="Price" type="text" value="18" />
```

10.2.1 默认模板

ASP.NET MVC 框架包含一组内置的模板，模板辅助方法可以用它们来构建 HTML。每一个辅助方法根据模型的信息选择一个模板。下面是一个 bool 类型的属性：

```
public bool IsDiscounted{ get; set; }
```

使用 EditorFor 辅助方法创建此属性的输入：

```
@Html.EditorFor(m=>m. IsDiscounted)
```

这次，辅助方法渲染了一个复选框输入元素，而为 Price 属性渲染的却是一个文本框输入元素：

```html
<input class="check-box" id=" IsDiscounted" name=" IsDiscounted" type="checkbox" value="true" />
<input name=" IsDiscounted" type="hidden" value="false" />
```

上面的示例说明 EditorFor 辅助方法对 bool 类型属性与 decimal 类型属性采用了不同的模板。为 boole 类型值提供复选框输入元素，而为 decimal 类型属性值提供文本框输入元素。

ASP.NET MVC 框架使用的内置模板被编译到 System.Web.Mvc 程序集里，不能轻易地访问。但是我们可以下载 ASP.NET MVC Futures，查看这些模板的源代码。

解压下载的压缩文件，会出现一个 DefaultTemplates 文件夹，其中包含两个子文件夹：DisplayTemplates 与 EditorTemplates。DisplayTemplates 文件夹里包含显示辅助方法的模板（Display、DisplayFor、DisplayForModel）。EditorTemplates 文件夹里包含面向 HTML 辅助方法的

编辑器模板（Editor、EditorFor、EditorForModel）。

EditorTemlates 文件夹里包含了 8 个文件：Boolean、Collection、Decimal、HiddenInput、MultilineText、Object、Password、String，它们分别代表 8 类模板。这些模板类似于分部视图，它们拥有一个模型参数并渲染为 HTML 标记。除非模型元数据指定模板，否则模板辅助方法将根据它渲染值的类型名称选择模板。当请求渲染 Boolean 类型的属性时，EditorFor 会使用名为 Boolean 的模板。而当请求渲染 Decimal 类型的属性时，EditorFor 会使用名为 Decimal 类型的模板。

在检查模板匹配类型名称以前，框架首先检查模型元数据以确定是否有模板存在，然后再选择模板。下面是一个简单的属性示例：

[DataType(DataType.MultilineText)]
public string Description { get; set; }

当渲染上面描述的 Description 属性时，框架会选择使用 MultilineText 模板。

如果框架根据元数据不能找到一个匹配模板时，它就会查找类型名称对应的模板：对 String 类型使用 String 模板，Decimal 类型使用 Decimal 模板。对于没有匹配模板的类型，如果它不是复合类型，框架就会使用 String 模板；如果它是一个数组或列表的链接集合，框架就会使用 Collection 模板。而 Object 模板可以渲染所有复合类型的对象。

10.2.2 自定义模板

自定义模板将存放在 DisplayTemplates 与 EditorTemplates 文件夹里。当解析模板路径时，ASP.NET MVC 框架会遵循一组熟悉的规则。首先，它查看与一个特定控制器视图相关的文件夹，此外，它也查看文件夹 View/Shared 以确定是否有自定义模板存在。框架会查找与配置到应用程序的每一个视图引擎相关的模板，因此默认情况下，框架查找扩展名为*.aspx、*.ascx 与 *.cshtml 的模板。

自定义模板可以用来做很多事。如果我们不喜欢 single-line 式的文本框，我们可以使用自定义的样式创建 String 编辑器模板，并把它放在 Shared/EditorTemplates 文件夹里，以便在整个应用程序里使用。

下面是一个简单的程序示例。假如现在要给 DataTime 属性的每一个编辑器链接一个 jQuery UI 的 Datepicker 部件。默认情况下，框架使用 String 模板渲染一个 DateTime 属性的编辑器，但是我们可以创建一个 DateTime 模板进行重写，因为当框架辅助方法使用模板渲染一个 DateTime 值时，它会查找名为 DateTime 的模板。

@Html.TextBox("", ViewData.TemplateInfo.FormattedModelValue, new { @class = "text-box single-line", data_datepicker = "true" })

我们将上面的代码存放在名为 DateTime.cshtml 的文件里，并将此文件放到 Shared/EditorTemplates 文件夹里。然后，如果要为每一个 DateTime 属性编辑器添加 Datepicker 部件，只需要编写一小段客户端脚本：

$(function(){
$(":input[data-datepicker=true] ").datepicker();
});

如果只想让部分编辑器拥有 Datepicker 部件，可以将自定义的模板文件命名为 SpecialDateTime.cshtml。这样框架就不会为 DateTime 类型选择此模板，除非指定模板名称。下面为使用 EditorFor 辅助方法来指定模板名称的代码：

```
@Html.EditorFor(m=>m.ReleaseDate, "SpecialDateTime")
```
此外，也可以在 ReleaseDate 属性上放置 UIHint 来指定模板名称，具体的代码如下：
```
[UIHint("SpecialDateTime")]
Public DateTime ReleaseDate { get; set; }
```
自定义模板是一个强大的机制，可以用来减少需要的代码量。通过在模板内部放置标准约定，我们就可以实现只修改一个文件而使应用程序发生巨大的变化。

10.3 控制器高级应用

10.3.1 定义控制器

在前面的章节中，我们已经学习了控制器的基本知识。为了进一步掌握控制器的应用，我们需要了解 IController 接口。ASP.NET MVC 中的控制器类必须实现 IController 接口，并且按照约定，控制器类的名称还必须以 Controller 后缀结束。IController 接口的具体代码如下：

```
public interface IController
{
    Void Execute(RequestContext requestContext);
}
```

当一个用户请求 URL 进来时，路由系统标识一个控制器，并调用其中的 Execute 方法。由于 IController 类功能比较简单，ASP.NET MVC 应用的开发人员可以在此基础上方便地实现功能扩展。下面是一个实现了 IController 接口的控制器类示例：

```
using System.Web.Mvc;
using System.Web.Routing;
public class SimpleController : IController
{
    public void Execute(RequestContext requestContext)
    {
        Var response = requestContext.HttpContext.Response;
        Response.Write("<h1>Hello World!</h1>");
    }
}
```

10.3.2 抽象基类

IController 接口为路由查找控制器与调用 Execute 方法提供便利，但是其包含的功能过于简单。ControllerBase 类是一个实现了 IController 接口的抽象基类，它定义了很多控制器常用的方法。它定义了向视图发送数据的 TempData 与 ViewData 属性。它还提供了 Execute 方法用来创建 ControllerContext，创建的 ControllerContext 实例与 HttpContext 实例为 ASP.NET 提供元素之间的请求与响应、URL、服务器信息等上下文。它也为当前请求提供具体的 MVC 上下文。

但是，ControllerBase 类没有提供将操作转换为方法调用的能力。因此，ASP.NET MVC 引入了 Controller 抽象基类。

编写控制器的标准方法是让控制器类继承 System.Web.Mvc.Controller 抽象基类，因为此基类继承了 ControllerBase 基类，而 ControllerBase 基类实现了 IController 接口。Controller 类专门设计用于所有控制器的基类，它为派生于它的控制器类提供了很多很好的属性与方法。

10.3.3 添加控制器操作

派生自 Controller 类的子类的所有公共方法都是操作方法，它们可能通过 HTTP 请求进行调用。我们可以把控制器分解成多个操作方法，每一个操作方法对应于一个具体的用户输入，而不是 Execute 方法的一个实现。

下面是一个简单的控制器类示例：

```
using System.Web.Mvc;
public class Simple2Controller: Controller
{
    public void Hello()
    {
        Response.Write("<h1>Hello World Again!</h1>");
    }
}
```

访问上述公共方法的用户 URL 主要部分的格式如下：

/simple2/hello

ASP.NET MVC 的默认路由将 URL 分成三个主要部分：/{Controller}/{action}/{id}。控制器类名里的 simple2 对应{Controller}，ASP.NET MVC 框架要求在控制器名称上附加 Controller 后缀名。方法名 hello 对应{action}，框架使用此名称定位到一个公共方法，并尝试调用定位到的方法。ASP.NET MVC 的默认路由里{id}部分为可选项，因此可以为空值。

我们可以向 Controller 类里添加任意数量的公共方法，通常称为操作（action）。这些方法都可以通过上述模式来访问。这些操作可以包含参数。下面是一个带参数的控制器方法示例：

```
public class Simple2Controller: Controller
{
    public void Hello(string id)
    {
        Response.Write("Hello, " + HttpUtility.HtmlEncode(id));
    }
}
```

我们可以使用简洁的 URL 调用此方法，路由机制将通过结构化的 URL 来传递参数，而不是通过查询字符串参数来传递参数：

/simple2/hello/world

如果想通过 URL 段传递多个参数，我们就需要为这个情形定义一个新路由。下面是一个简单的示例，用来计算平面上两点之间的距离的操作方法：

```
public void Distance(int x1, int y1, int x2, int y2)
{
    double xSquared = Math.Pow(x2 − x1, 2);
    double ySquared = Math.Pow(y2 − y1, 2);
    Response.Write(Math.Sqrt(xSquared + ySquared));
```

我们可以通过定义一个新的路由来调用此操作。新路由可以在 global.asax 文件里的 RegisterRoutes 方法的内部代码使用 MapRoute 来定义，具体的代码如下：

```
routes.MapRoute("distance",
    "simple2/distance/{x1},{y1}/{x2},{y2}",
    new { Controller = "Simple2", action = "Distance" }
);
```

这样就可以通过下面形式的 URL 调用此操作：

/simple2/distance/0,0/1,2

虽然 URL 里出现逗号可能很奇怪，但路由机制非常强大，它能够识别出逗号的作用。

我们也可以在 ASP.NET MVC 的操作里使用默认参数。C#4.0 添加了对可选参数的支持，这样就简化了控制器操作签名。下面是一个简单的示例：

```
Public ActionResult DinnersNearMe(string location, int maxDinners = 10)
{
}
```

10.3.4 ActionResult 应用

众所周知，MVC 模式里控制器的作用是响应用户输入。在 ASP.NET MVC 里，操作方法是响应用户输入的基本单位。操作方法最终负责处理用户请求，并输出 HTML 显示给用户。操作方法遵循的模式是做请求它做的任务，最后返回一个 ActionResult 抽象基类的实例。

ActionResult 抽象基类的源代码如下：

```
public abstract    class ActionResult
{
        public abstract void ExecuteResult(ControllerContext contextt);
}
```

ActionResult 类里只包含方法 ExecuteResult。

但是，ActionResult 是一个抽象类。它包含了一些执行常见任务的子类型。表 10-1 列举了这些类型。

表 10-1 ActionResult 类型

ContentResult	HttpUnauthorizedResult
EmptyResult	JavaScriptResult
FileContentResult	JsonResult
FilePathResult	PartialViewResult
FileResult	RedirectResult
FileStreamResult	RedirectToRouteResult
HttpNotFound	ViewResult
HttpStatusCodeResult	

Controller 类包含了一些返回 ActionResult 实例的方便方法。这些方法旨在帮助操作方法的实现更具可读性与说明性。通常都是返回这些方便方法调用的结果，而不是一个新的操作结果实例。

这些方法通常根据返回的操作结果类型来命名，省去其中的 Result 后缀。因此，View 方法返回一个 ViewResult 的实例。同样，Json 方法返回一个 JsonResult 的实例。但是有一个特殊情况就是 RedirectToAction 方法，它返回的是 RedirectToRoute 的一个实例而不是 RedirectToActionResult 的实例。下面是一个简单的示例：

```
public ActionResult ListProducts()
{
    IList<Product> products = SomeRepository.GetProducts();
    ViewData.Model = products;
    return new ViewResult {ViewData = this.ViewData };
}
```

我们让操作方法返回一个 ViewResult 对象，并将数据赋给此实例，然后返回此实例。但是，在实践中，我们可能没有像这样直接实例化 ViewResult 对象的代码。相反，我们通常会使用 Controller 类里的辅助方法 View 方法。具体的代码如下：

```
public ActionResult ListProducts()
{
    IList<Product> products = SomeRepository.GetProducts();
    Return View(products);
}
```

下面分别对各种类型的 ActionResult 进行简单的说明。

1. ContentResult

ContentResult 通过 Content 属性直接将指定内容作为文本编写到响应流里。它也允许通过 ContentEncoding 属性指定内容编码方式。如果没有指定编码方式，就使用当前 HttpResponse 实例的内容编码方式。HttpResponse 的默认编码方式在 web.config 文件的全局化元素里指定。

ContentResult 也允许通过 ContentType 属性指定内容类型。如果不指定内容类型，也将使用当前 HttpResponse 实例的内容类型。HttpResponse 默认的内容类型是 text/html。

2. EmptyResult

EmptyResult 代表一个 null 或空响应，不做任何处理。它用一个实例替换 null 引用。在这个实例里，ExecuteResult 方法有一个空实现。

3. FileResult

FileResult 是一个抽象基类，它向流里编写一个二进制响应的结果，用来返回文件给用户，例如磁盘上的 Microsoft Word 文档或 SQL Server 里 blob 列的数据。设置结果上的 FileDownloadName 属性将为 Content-Disposition 头部(header)设置一个合适的值，从而可以给用户呈现一个文件下载对话框。

FileResult 基类返回 3 个不同文件结果类型，即 FilePathResult、FileContentResult 与 FileStreamResult。FilePathResult 根据文件路径向响应流里编写一个文件，FileContentResult 向响应流里编写一个字节数组，FileStreamResult 向响应里编写一个流。

4. HttpStatusCodeResult

HttpStatusCodeResult 提供了一种使用一个具体的 HTTP 响应状态码与描述来返回操作结果的方式。

根据常见的 HTTP 状态码，可以分为 5 个具体的 ActionResult：

- HttpNotFoundResult
- HttpStatusCodeResult
- HttpUnauthorizedResult
- RedirectResult
- RedirectToRouteResult

其中，HttpNotFoundResult 派生于 HttpStatusCodeResult 类，它向客户端返回一个指示找不到请求资源的 HTTP 404 响应代码。HttpUnauthorizedResult 也派生于 HttpStatusCodeResult 类，它向客户端返回一个 HTTP 401 响应代码，表明请求者在请求的 URL 里没有请求资源的授权。此外，RedirectResult 与 RedirectToRouteResult 将在后面进行介绍。

5. JavaScriptResult

JavaScriptResult 用来在客户端执行服务器返回的 JavaScript 代码。例如，当使用内置的 AJAX 辅助方法请求一个操作方法时，此方法就会返回一段可以在客户端立即执行的 JavaScript 代码：

```
public ActionResult DoSomething()
{
    script s = "$('#some-div').html('Updated!');";
    return JavaScript(s);
}
```

上面的方法可以通过如下代码进行调用：

```
<%: Ajax.ActionLink("click", "DoSomething", new AjaxOptions()) %>
<div id = "some-div"></div>
```

6. JsonResult

JsonResult 可以将给定对象序列化为 JSON(JavaScript Object Notation)，并向响应流里编写此 JSON，通常用于响应 AJAX 请求。

JsonResult 使用 JavaScriptSerializer 类将它通过 Data 属性指定的内容序列化为 JSON 格式。这对于需要操作方法返回 JavaScript 容易处理格式的数据的 AJAX 方案是有用的。

与 ContentResult 类似，JsonResult 的内容编码方式与内容类型也都可以通过属性来设置，其默认的 ContentType 是 application/json。

7. RedirectResult

RedirectResult 可以根据 Boolean 类型的 Permanent 标记，返回一个临时的重定向编码 HTTP 302，或永久的重定向编码 HTTP 301，把请求者重定向到另外一个 URL。

RedirectResult 执行一个到指定 URL 的 HTTP 重定向。在内部，此结果调用 HttpResponse.Redirect 方法来重置 HTTP 状态码，从而使得浏览器为指定的 URL 立即发出新的请求。

8. RedirectToRouteResult

RedirectToRouteResult 执行 HTTP 重定向的方式类似于 RedirectResult，但是它不直接指定 URL，而是使用 Routing API 来决定重定向到的 URL，即把用户重定向到一个通过路由参数指定的 URL。

9. ViewResult

ViewResult 是使用最广泛的操作结果类型，它调用视图引擎来向响应流里渲染一个视图。它调用 IViewEngine 实例里的 FindView 方法，并返回一个 IView 实例，然后再调用 IView 实例上的 Render 方法，此方法用来向响应流里渲染输出内容。一般情况下，这会向格式化显示数据的视图模板里插入指定的视图数据。

10. PartialViewResult

PartialViewResult 与 ViewResult 对象类似，它向响应流里渲染一个分部视图，通常用于响应 AJAX 请求。它是调用 FindPartialView 方法来定位视图，主要用来渲染分部视图。因此，在使用 AJAX 技术把新的 HTML 更新到部分页面的情形中，它是非常有用的。

此外，当操作方法返回的结果类型不是 ActionResult 类型时，ASP.NET MVC 将对操作结果进行隐式转换。下面是一个简单的示例：

```
public double Distance(int x1, int y1, int x2, int y2)
{
    double xSquared = Math.Pow(x2 − x1, 2);
    double ySquared = Math.Pow(y2 − y1, 2);
    return Math.Sqrt(xSquared + ySquared);
}
```

上面的方法返回类型是 double 而不是派生于 ActionResult 的类型。当 ASP.NET MVC 调用此方法，并发现返回类型不是一个 ActionResult 时，它会自动创建一个包含此操作方法结果的 ContentResult，并在内部作为 ActionResult 使用。

需要说明的是，ContentResult 要求一个字符串值，所以操作方法的结果需要首先转换成一个字符串。因此，在它传递到 ContentResult 以前，ASP.NET MVC 将使用 InvariantCulture 调用结果上的 ToString 方法。如果需要根据特定的区域格式化结果，就应当明确地返回一个 ContentResult。

表 10-2 列出了当编写没有 ActionResult 返回类型的操作方法时的各类隐式约定。

表 10-2 操作方法的隐式约定

返回值	字段说明
Null	操作调用器用 EmptyResult 的一个实例替换 null 结果
Void	操作调用器将操作方法作为返回 null 处理，因此返回 EmptyResult 对象
其他非 ActionResult 的对象	操作调用器使用 InvariantCulture 调用对象的 ToString 方法，然后把结果字符串封装到 ContentResult 实例

10.3.5 异步控制器

ASP.NET MVC 的操作调用器负责调用控制器里的方法，以响应用户的请求。通过 Controller 类上的 ActionInvoker 属性设置的 ControllerActionInvoker 负责根据当前请求上下文调用控制器上的操作方法。操作调用器执行以下任务：

- 定位要调用的操作方法；
- 通过使用模型绑定系统为操作方法的参数获取值；
- 调用操作方法以及它的所有过滤器；
- 调用操作方法返回的 ActionResult 上的 ExecuteResult 方法。

ASP.NET MVC 2 及其以上版本提供了对异步请求管道的完全支持。要理解异步与同步 ASP.NET MVC 代码之间的区别，必须首先了解 Web 服务器是如何处理请求的。IIS 维护了一个用来服务请求的空闲线程集合,即线程池。当一个请求进入时,线程池里的一个线程被调用来处理进入的请求。当一个线程正在处理一个请求时,它就不能用来处理其他任何请求,直到它完成第一个请求的处理。IIS同时服务多线程的能力是基于一个假设,即线程池里有空闲的线程来处理进入的请求。

现在考虑一个操作,此操作需要通过网络调用完成自己的任务。在同步的情况下,处理用户请求的线程,需要等待网络调用完成后才能把结果返回给用户。在网络调用完成之前,此线程无法执行其他任务,这种情形下的线程称为阻塞线程。通常情况下这不是问题,因为线程池足够大来应付这种情况。但是,在处理多个并发请求的大型应用程序里,这可能会因为需要等待数据而阻塞许多线程,从而导致线程池里没有足够的空闲线程来处理新进入的请求,这种情形称为线程饥饿,它会严重影响网站的性能。

在异步的情况下,线程不会因等待数据而阻塞。当一个长时间运行的应用程序(网络调用)开始时,操作在等待数据期间会自动放弃对处理线程的控制。然后,此线程返回线程池,以便可以继续处理另外一个请求。从本质上说,当等待数据时,当前请求是暂停的。重要的是,当一个请求处于这种状态时,它将被分配给线程池里的任何空闲线程,所以它不会阻塞其他请求。当操作方法的数据变得可获取时,往往请求完成事件会通知IIS,因此线程池里的一个空闲线程会被调用继续处理此请求。继续处理此请求的线程可能是先前的线程,也可能不是先前的线程。开发人员不用担心此问题,因为它是由管道负责的。

1. 同步与异步管道的选择

以下是决定使用同步还是异步管道的一些指导原则。注意,这些只是指导原则,还要根据每个应用程序具体的要求来选择。

使用同步管道的指导原则如下。
- 操作简单或者能够在短时间内执行完成;
- 简单性与可测试性是重要的;
- 操作是CPU密集型,而非IO密集型。

使用异步管道的指导原则如下。
- 测试结果表明阻塞操作是站点性能的瓶颈;
- 并行性比代码简单更重要;
- 操作是IO密集型,而非CPU密集型。

2. 编写异步操作方法

与Controller类作为同步控制器的基类一样,AsyncController类用来作为异步控制器的基类。例如,考虑一个显示给定区域新闻的网站。示例里的新闻由GetNews方法提供,此方法调用一个需要长时间运行的网络调用。下面是同步操作程序的代码:

```
public class PortalController : Controller
{
    public ActionResult News(string city)
    {
        NewsService newsService = new NewsService();
        NewModel news = newService.GetNews(city);
        return View(news);
    }
}
```

访问/Portal/News?city=Seattl 将会显示 Seattle 当地的新闻。此方法可以使用一个异步操作方法进行重写，具体的代码如下：

```csharp
public class PortalController : AsyncController
{
    public void NewsAsync(string city)
    {
        AsyncManager.OutstandingOperations.Increament();
        NewsService newsService = new NewsService();
        newsService.GetNewsCompleted += (sender, e) =>
        {
            AsyncManager.Parameters["news"] = e.News;
            AsyncManager.OutstandingOperations.Decrement();
        };
        newsService.GetNewsAsync(city);
    }

    public ActionResult NewsCompleted(NewsModel news)
    {
        return View(news);
    }
}
```

对上述程序有如下一些情况需要说明。

异步操作控制器的基类是 AsyncController 而不是 Controller，这就告诉 MVC 管道允许异步请求。

不是一个单一的 News() 操作方法，而是有两个方法：NewsAsync()与 NewsCompleted()，其中第二个方法返回一个 ActionResult 对象。但是把这个方法对在逻辑上看作一个单一的操作 News，所以可以使用与同步操作一样的 URL 来访问它(/Portal/News?city=Seattle)。

传递到 NewsAsync()方法的参数由正常的参数绑定机制提供，而传递到 NewsCompleted()方法的参数却是由 AsyncManager.Parameters 字典提供。

使用 AsyncManager.OutstandingOperations 通知 MVC 管道挂起等待完成的操作的数量。这是很有必要的，因为 MVC 没有办法知道哪些操作被操作方法挂起，也无法知道这些操作什么时候完成。当此计数器为 0 时，MVC 管道就通过调用 NewsCompleted()方法完成了整个异步操作。

3. 异步方法的其他注意事项

从 AsyncController 派生的控制器可以同时包含同步与异步方法。也就是说，在同一个控制器里出现 Index()、NewsAsync()与 NewsCompleted()等方法是完全符合语法要求的。

AsyncController 不允许直接访问 ActionAsync()与 ActionCompleted()方法。即访问此操作的 URL 必须是/controller/Action 而不是/controller/ActionAsync 或/controller/ActionCompleted。尤其是重定向的时候，这意味着 RedirectToAction("ActionAsync")是不正确的，而应当使用 RedirectToAction("Action")。其他接受操作名称作为参数的 API 也适用此规则。

从 AsyncController 派生的控制器上的同步操作方法不能有 Async 或 Completed 后缀。

本章小结

本章主要介绍了 ASP.NET MVC 的一些高级技术的应用。首先是路由的高级应用，包括 ASP.NET MVC 应用程序部署后进行路由扩展的方法，动态编辑路由的方法。其次是模板程序的说明，通过模板程序为用户页面展示提供便利，并且也可以实现模板的自定义，让模板的创建变得非常灵活。最后介绍了控制器的高级应用，包括 IController 接口、ControllerBase 抽象基类等控制器类的基础，列举了 ActionResult 的各子类型，并阐述各子类型的应用场景，此外也讲述了控制器方法的异步调用原理与方法。

习题

10-1　ASP.NET MVC 应用程序部署后为什么还要进行路由的扩展？如何实现路由的扩展？

10-2　模板辅助方法有何作用？创建一个简单的自定义模板。

10-3　ActionResult 抽象基类有哪些子类型？每个子类型分别在什么情况下使用？

综合案例

概述

本章将为网站主页添加导航菜单和购物车状态，最后优化页面设计并完成整个 ASP.NET MVC 网上书店项目。

主要任务

- 创建分类导航菜单
- 重新设计网站模板，显示导航菜单
- 在网站主页中显示购物车状态
- 创建网站主页

实施步骤

1. 用分部视图的方式创建分类导航菜单

在本项目中，为了让用户能更方便地找到自己想到的书籍，我们需要创建一个分类导航菜单，如图 10-3 所示。

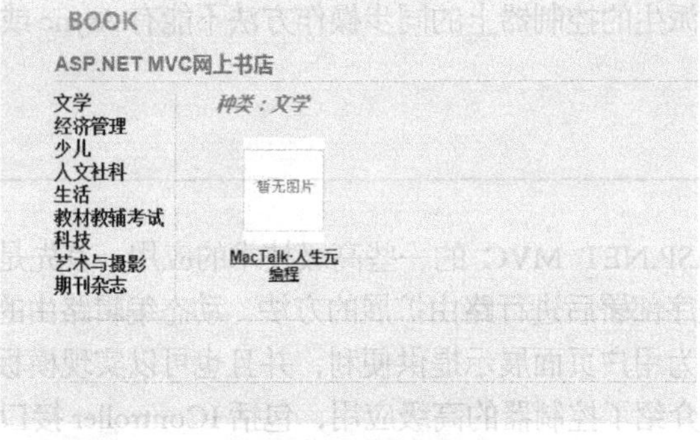

图 10-3 分类导航菜单

为了让每一个页面都能使用分类导航菜单,我们需要以部分视图的方式创建分类导航菜单并且在页面模板中引用分类导航菜单的分部视图。

我们可以按照创建普通视图的方式在"Views\Store"文件夹下创建一个名为"CategoryMenu"的视图,视图创建参数如图 10-4 所示。

图 10-4 创建 CategoryMenu 视图

注意一定要勾选"创建为分部视图"选择框,这样才能够创建分部视图。接下来在分部视图文件中添加如下代码:

```
@model IEnumerable<MvcBookStore.Models.Categories>
<ul id="categories">
    @foreach (var category in Model)
    {
        <li>@Html.ActionLink(category.Name,
            "Browse", "Store",
                new { id = category.CategoryId }, null)
        </li>
```

        }
    </ul>

接下来,打开 StoreController 控制器类的代码文件,添加一个供分部视图使用的动作,代码如下:

```
//
// GET: /Store/CategoryMenu
[ChildActionOnly]
public ActionResult CategoryMenu()
{
    return PartialView(_categoryRepository.GetAllCategories());
}
```

最后,编译整个项目,如果没有错误则分类导航菜单的分部视图创建完成。

2. 重新设计网站模板,显示导航菜单

打开"Views\Shared_Layout.cshtml"视图模板文件,按如下方式修改代码:

```
<!DOCTYPE html>
<html lang="zh">
    <head>
<meta http-equiv="Content-Type" content="text/html; charset=utf-8"/>
        <meta charset="utf-8" />
        <title>@ViewBag.Title - 我的 ASP.NET MVC 应用程序</title>
        <link href="~/favicon.ico" rel="shortcut icon" type="image/x-icon" />
        <meta name="viewport" content="width=device-width" />
        @Styles.Render("~/Content/css")
        @Scripts.Render("~/bundles/modernizr")
    </head>
    <body>
        <div id="setWidth">
            <div id="header">
                <h1><a href="/">ASP.NET MVC 网上书店</a></h1>
                <ul id="navlist">
                    <li class="first"><a href="@Url.Content("~")" id="current">首页</a></li>
                    <li><a href="@Url.Content("~/ShoppingCart/")">购物车</a></li>
                    <li><a href="@Url.Content("~/StoreManager/")">管理页</a></li>
                </ul>
            </div>
            @RenderSection("featured", required: false)
            @{Html.RenderAction("CategoryMenu", "Store");}
            <div id="main">
                @RenderBody()
```

```
            </div>
            <div id="footer">
                <p>&copy; @DateTime.Now.Year - 我的 ASP.NET MVC 应用程序</p>
            </div>
        </div>
        @Scripts.Render("~/bundles/jquery")
        @RenderSection("scripts", required: false)
    </body>
</html>
```

此时，编译并运行项目，可以看到所有页面都被加上了顶部导航菜单和分类导航菜单，如图 10-5 所示。

图 10-5　新的网页模板

3. 在顶部菜单中显示购物车状态

现在的网站页面如图 10-5 所示，顶部菜单中并不会显示购物车中放置了多少商品。但我们希望能够在顶部"购物车"链接的后面显示当前购物车中商品的数量，如图 10-6 所示。

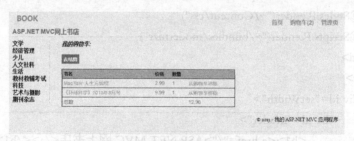

图 10-6　显示书籍数量的"购物车"链接

要实现这个功能，我们还是需要创建分部视图。在"Views\ShoppingCart"文件夹下创建一个名为"CartSummary"的分部视图，视图创建设置如图 10-7 所示。

图 10-7 创建 CartSummary 视图

注意一定要勾选"创建为分部视图"选择框,这样才能够创建分部视图。接下来在分部视图文件中添加如下代码:

```
@Html.ActionLink("购物车(" + ViewData["CartCount"] + ")",
    "Index",
    "ShoppingCart",
    new { id = "cart-status" })
```

然后,打开 ShoppingCartController 控制器类代码,添加如下动作:

```
// GET: /ShoppingCart/CartSummary
[ChildActionOnly]
public ActionResult CartSummary()
{

    _shoppingCart.GetCartId(this.HttpContext);
    ViewData["CartCount"] = _shoppingCart.GetCount();
    return PartialView("CartSummary");
}
```

最后,打开"Views\Shared_Layout.cshtml"视图模板文件,将其中的代码:

`<a href="@Url.Content("~/ShoppingCart/")">购物车</a>`

修改为

`@{Html.RenderAction("CartSummary", "ShoppingCart");}`

此时再编译运行项目,将可以看到顶部"购物车"链接后会有当前购物车中的商品数量的提示。

4. 创建网站主页

我们希望按照图 10-8 所示的样式创建网站主页。

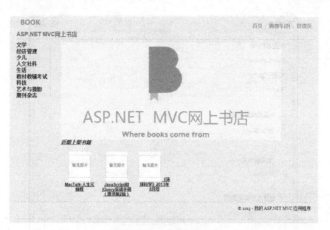

图 10-8　网站主页

为了实现网站主页，我们首先应该完善 HomeController 控制器类的代码，如下：

```csharp
using System;
using System.Collections.Generic;
using System.Linq;
using System.Web;
using System.Web.Mvc;
using MvcBookStore.Models;
namespace MvcBookStore.Controllers
{
    public class HomeController : Controller
    {
        IBookRepository _bookRepository;
        public HomeController()
        {
            _bookRepository = new BookRepository();
        }
        //
        // GET: /Home/
        public ActionResult Index()
        {
            // 获取最畅销的书籍
            var books = _bookRepository.GetTopSellingBooks(5);
            return View(books);
        }
    }
}
```

按照设计，主页上应该显示最畅销书籍，但是为了方便项目开发测试，我们在首页上实际显示的是最近加入到网上书店中的书籍。写好主页控制器类代码后，接下来就要重写主页对应的视图，打开"Views\Home"文件夹下的"Index.cshtml"视图，并重写代码：

```
@model List<MvcBookStore.Models.Books>
@{
    ViewBag.Title = "ASP.NET MVC 网上书店";
}
<div id="promotion">
</div>
<h3>近期上架书籍</h3>
<ul id="album-list">
    @foreach (var book in Model)
    {
        <li><a href="@Url.Action("Details", "Store",new { id = book.BookId })">
            <img alt="@book.Title" src="@book.BookCoverUrl" />
            <span>@book.Title</span>
</a>
        </li>
    }
</ul>
```

编译并运行即可看到如图 10-8 所示的网站主页。至此，ASP.NET MVC 网上书店项目已全部开发完成。

```
@model List<MvcBookStore.Models.Book>
@{
    ViewBag.Title = "ASP.NET MVC 网上书店";
}

<div id="promotion">
</div>
<h3>近期上架书籍</h3>
<ul id="album-list">
    @foreach (var book in Model)
    {
        <li><a href="@Url.Action("Details","Store", new { id = book.BookId })">
            <img alt="@book.Title" src="@book.BookCoverUrl" />
            <span>@book.Title</span></a>
        </li>
    }
</ul>
```

编译并运行可看到如图 10-8 所示的初始页面。至此，ASP.NET MVC 网上书店项目已完成开发完成。